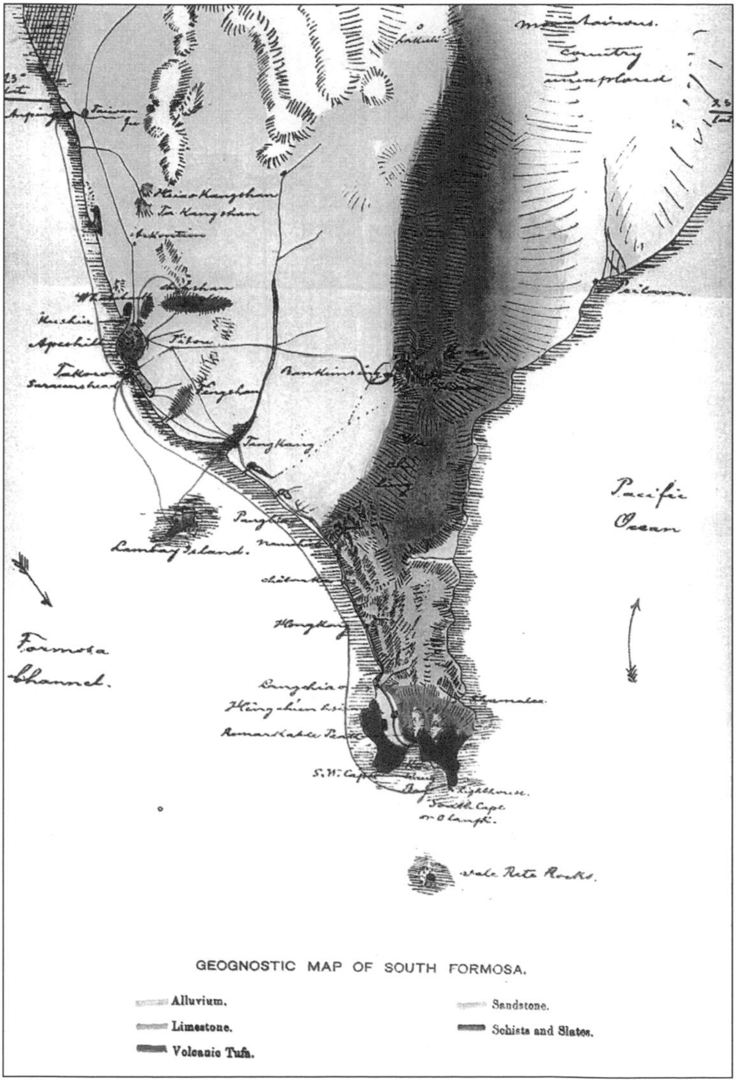

克萊因瓦奇特繪製的《南臺灣地質圖》

1882 年，中國海關派遣德國人克萊因瓦奇特（George Kleinwächter）前來臺灣南部進行地質調查，將其調查報告發表在《皇家亞洲學會中國北部分會期刊》（*Journal of the North-China Branch of the Royal Asiatic Society*）第 18 期（1883）之〈福爾摩沙的地質研究〉（Researches into the geology of Formosa）一文，主要是其在恆春半島的地質調查結果，並附有一幅彩色的屏東地質地形素描圖，早坂一郎教授認為這張彩圖應該是臺灣最古老的地質圖。

原始資料：〈福爾摩沙的地質研究〉（Researches into the geology of Formosa），《皇家亞洲學會中國北部分會期刊》（*Journal of the North-China Branch of the Royal Asiatic Society*），18，1883。
資料來源：陳其南，《重修屏東縣志 緒論篇（上冊）地方知識建構史》（屏東：屏東縣政府，2014 年），頁 76。

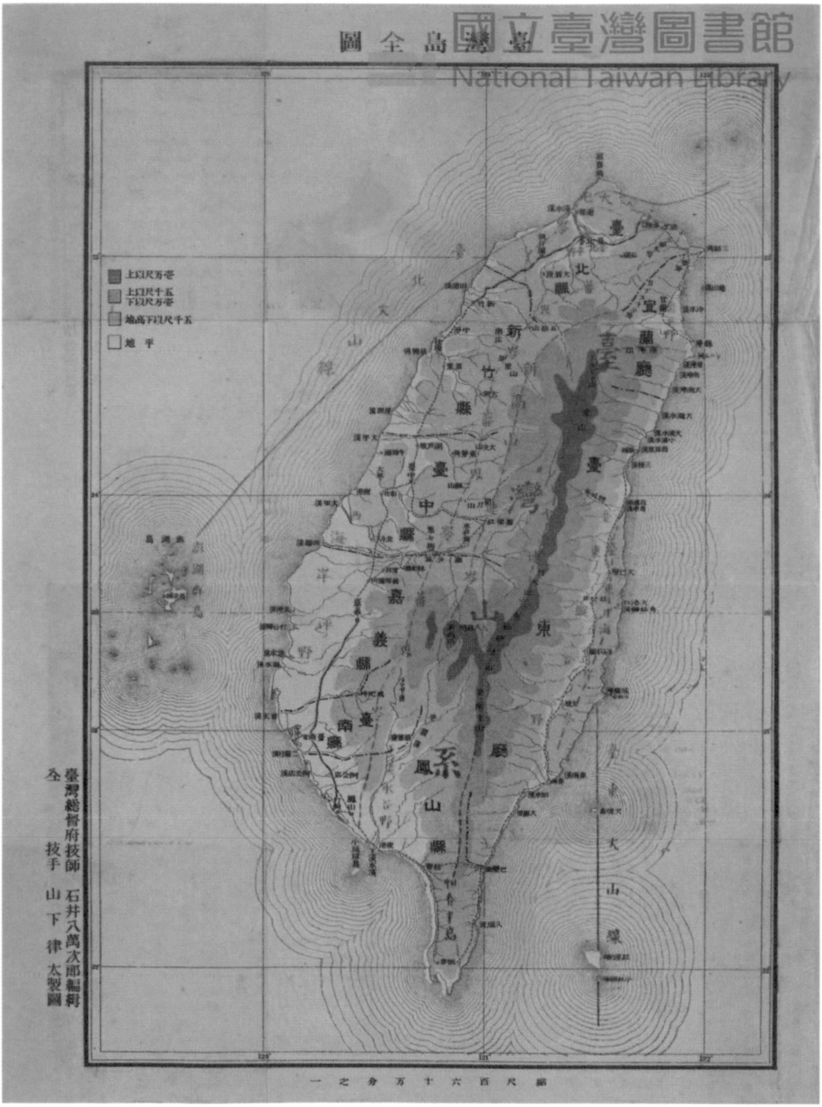

《臺灣島全圖》

石井八萬次郎（1867-1932）是第一位繪製臺灣地質圖的地質掛長。1897 年 7 月，石井出版了他與鑛務課同仁共同編製的八十萬分之一的《臺灣島地質鑛產圖》，是第一幅臺灣全島地質鑛產圖。本圖是其後石井再出版的《臺灣島地質鑛產圖說明書》，全書計 198 頁，分為岩石篇、地質構造篇、鑛產篇，並附有探險旅行家心得、臺灣島全圖、臺灣島內海陸路程表等，將臺灣從南到北，從東到西，第一次在地質地層方面作了系統性的分類，地質構造上也有整體的輪廓，全島的地質圖像逐漸明朗。

原始資料：臺灣總督府民政局殖產課編，《臺灣島地質鑛產圖說明書》（東京：臺灣總督府民政局殖產課，1898 年）。

資料提供：國立臺灣圖書館

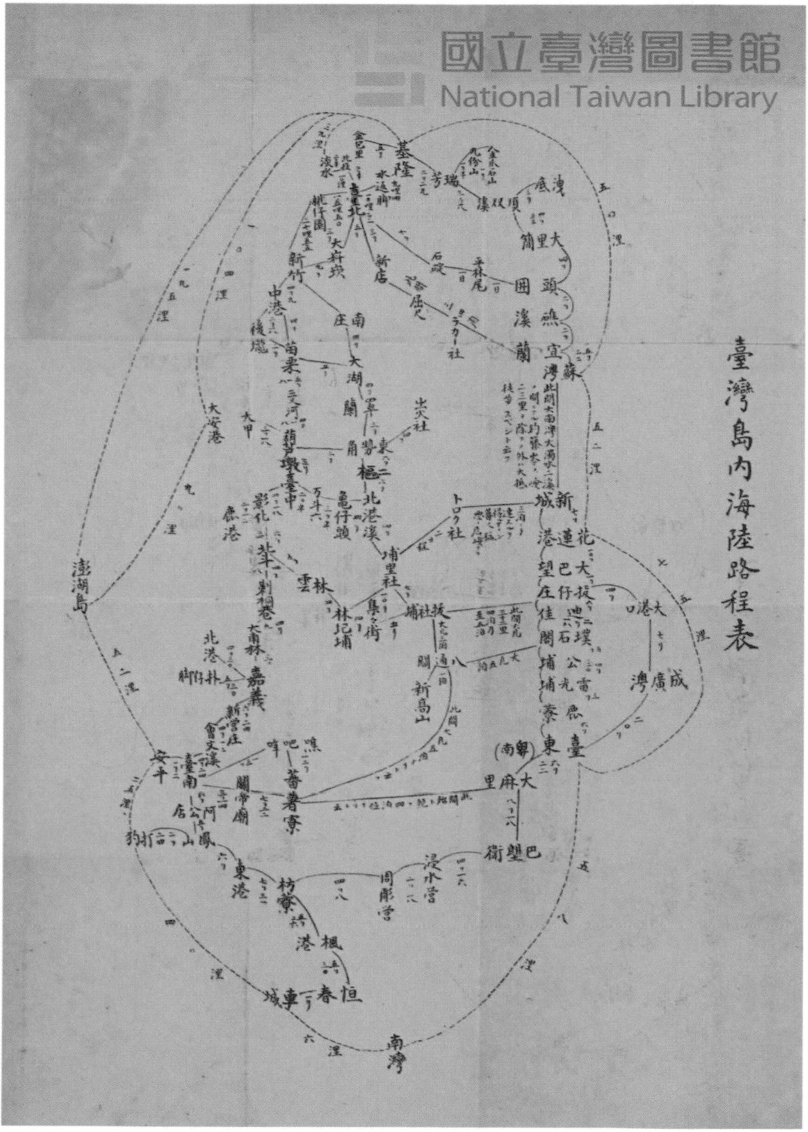

《臺灣島內海陸路程表》

原始資料：臺灣總督府民政局殖產課編，《臺灣島地質鑛產圖說明書》（東京：臺灣總督府民政局殖產課，1898 年）。

資料提供：國立臺灣圖書館

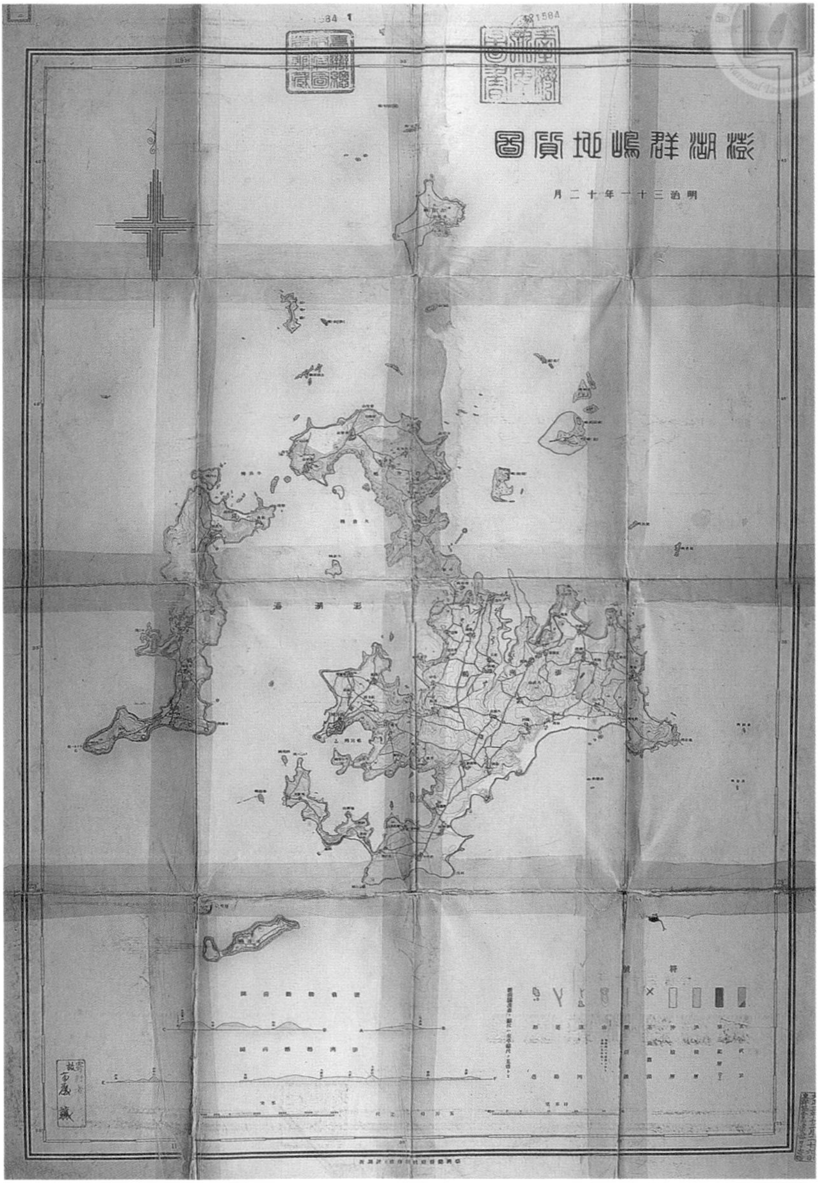

《澎湖群嶋地質圖》

齋藤讓是臺灣離島地質調查的先行者，1898 年 12 月完成《澎湖群嶋地質圖》，並將調查研究結果刊載在日本《鑛業會誌》上，有數篇更是先驅性的報文。齋藤提出澎湖在開發上的兩大問題，即植物栽培和水源問題。但因澎湖是火成岩地形，礦材豐富，具有發展開採建材事業的潛力。1901 年齋藤讓在火燒島（今綠島）調查途中感染瘧疾，不幸急逝。

原始資料：齋藤讓，《澎湖群嶋地質圖》（臺北：臺灣總督府民政部，1900 年 12 月）。
資料提供：國立臺灣圖書館

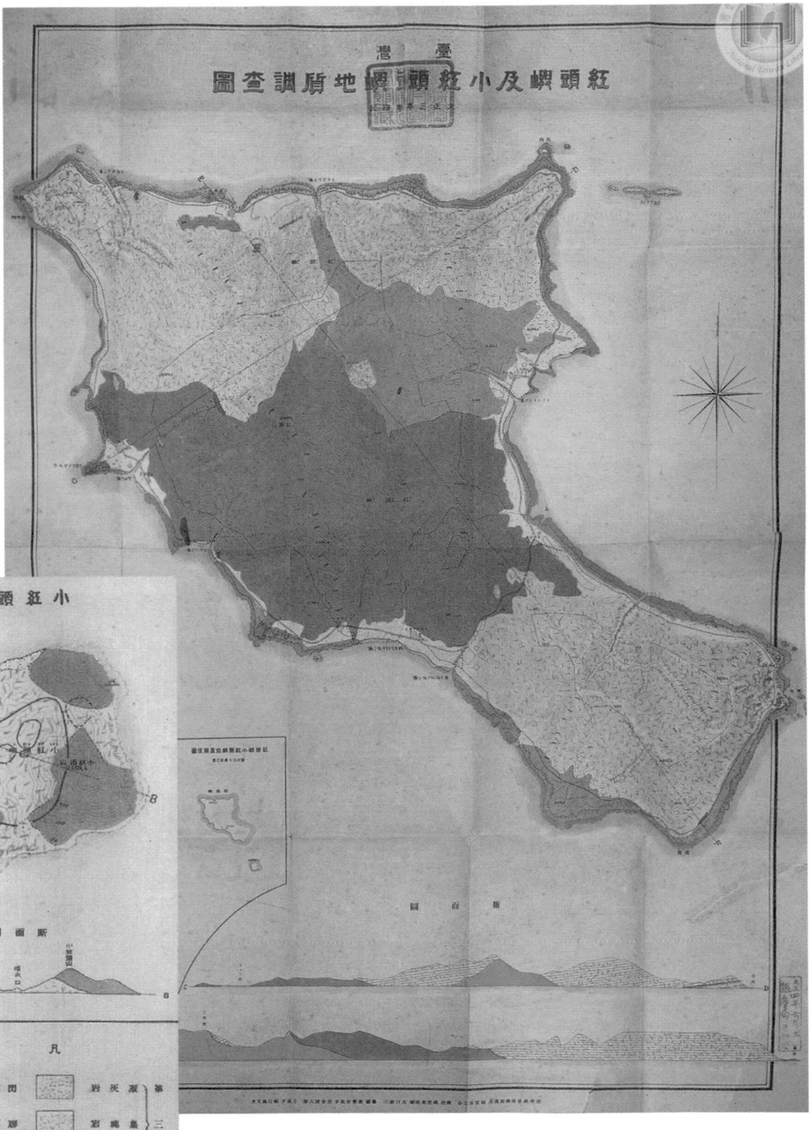

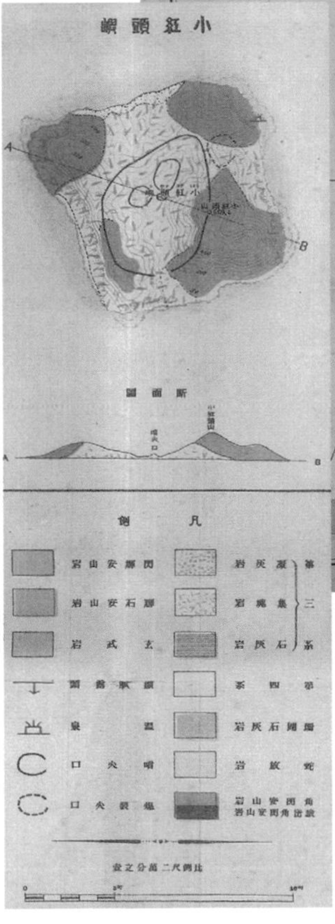

紅頭嶼和小紅頭嶼

出口雄三於齋藤讓病逝後接續進行紅頭嶼（今蘭嶼）的地質調查，指該島的金銀礦量少質差，無開採價值，銅礦則有開採潛力，需再作調查。最末提到紅頭嶼調查之危險。

原始資料：臺灣總督府殖產局編，《紅頭嶼地質調查報文》（臺北：臺灣總督府殖產局，1915 年）。

資料提供：國立臺灣圖書館

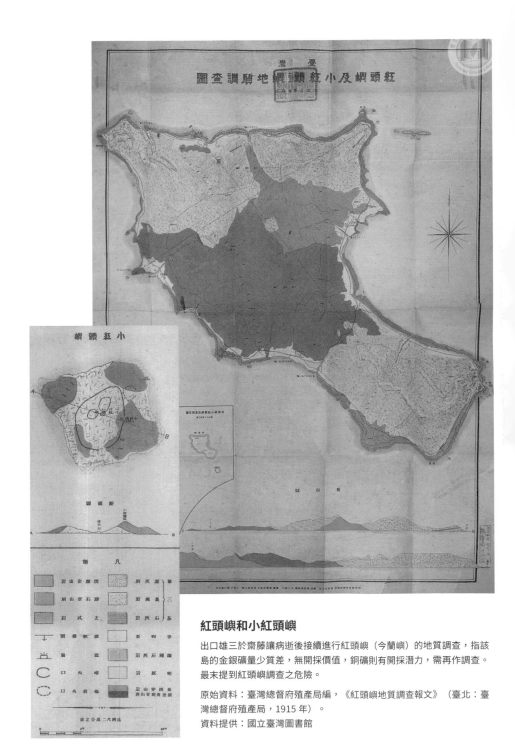

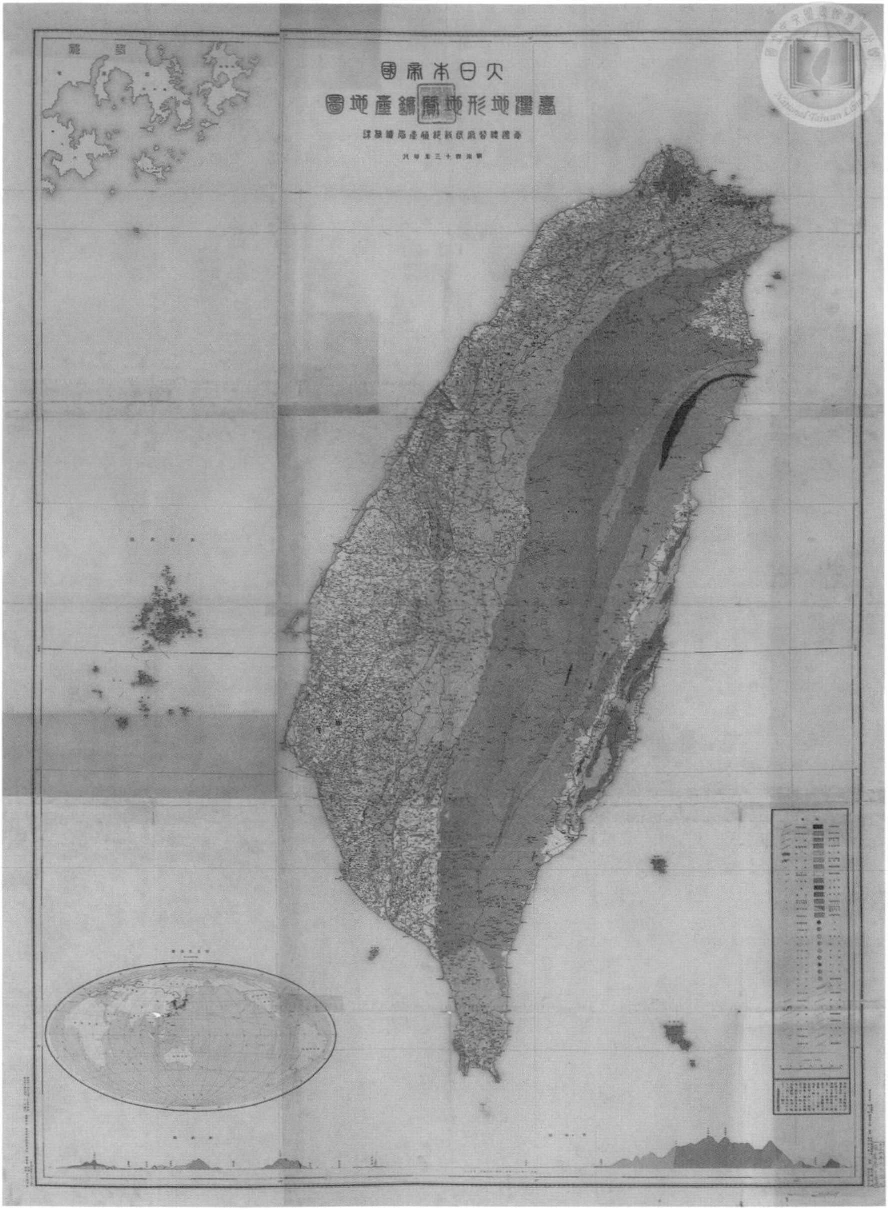

《臺灣地形地質鑛產地圖》

出口雄三所製作，除了綜合 1900-1910 年間赴臺灣各地調查的諸多材料和紀錄外，也加入了自己的觀察。顯示離島的地質鑛產調查已漸告完善。是一幅出色的三十萬分之一地質圖。

原始資料：臺灣總督府民政部殖產局編，《臺灣地形地質鑛產地圖》（臺北：臺灣總督府民政部殖產局，1911 年 4 月）。

資料提供：國立臺灣圖書館

臺灣地質鑛產圖

市川雄一、高橋春吉負責踏查，技手朝日藤太夫、雇濱本勝巳負責製圖，並出版為《臺灣地質鑛產地圖說明書》。該書係受到一次世界大戰之影響，當局對於地質鑛產之需求已不同於以往，亟需更詳細的調查研究，以因應時代的變化。

原始資料：臺灣總督府殖產局商工課編，《臺灣地質鑛產地圖說明書》（臺北：臺灣總督府殖產局商工課，1926 年 3 月）。

資料提供：經濟部中央地質調查所

早坂一郎（1891-1977）

資料來源：早坂一郎先生喜壽記念事業會編，《早坂一郎先生喜壽紀念文集》（金澤：橋本確文堂，1967 年）。

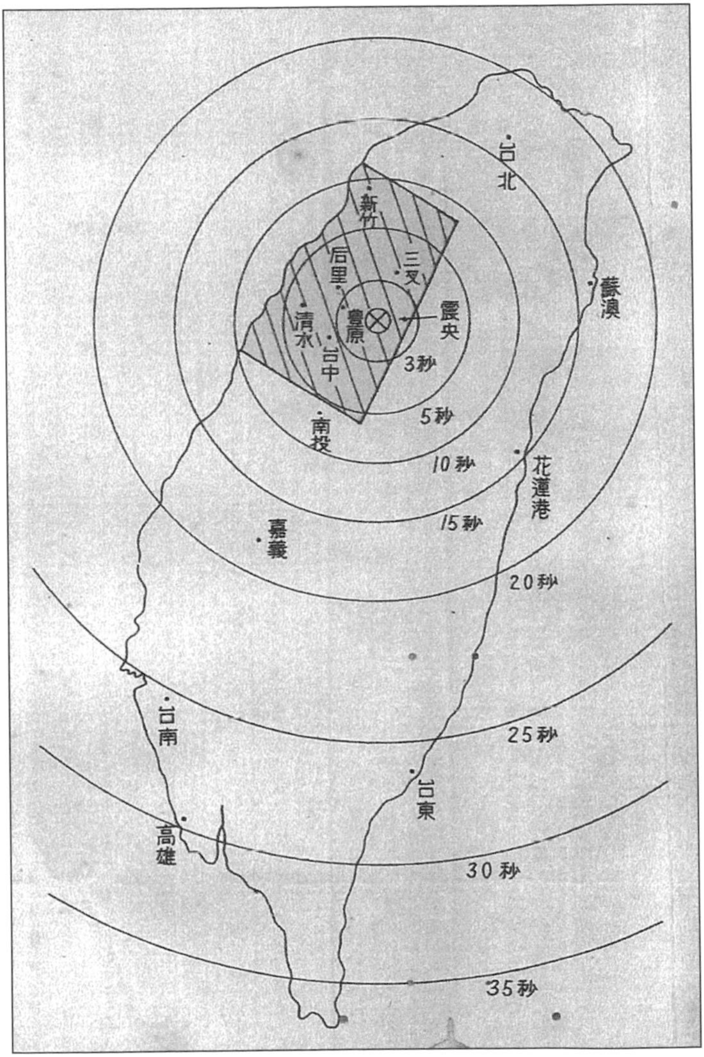

新竹臺中烈震分布圖

原始資料：臺北觀測所編，《昭和 10 年 4 月 21 日新竹臺中烈震報告》（臺北：臺北觀測所，1936 年）。

資料提供：國立臺灣圖書館

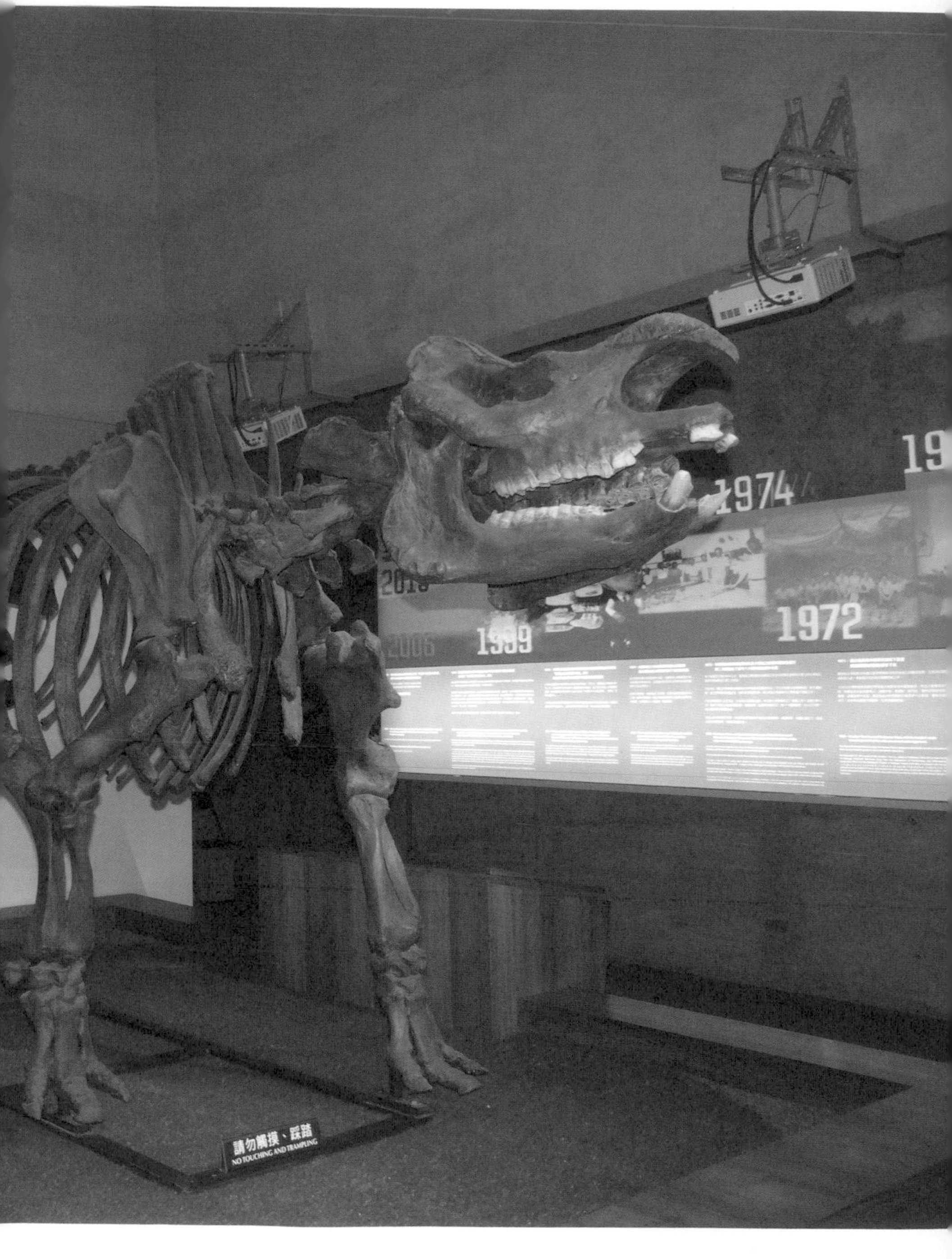
1974
1972
請勿觸摸、踩踏
NO TOUCHING AND TRAMPLING

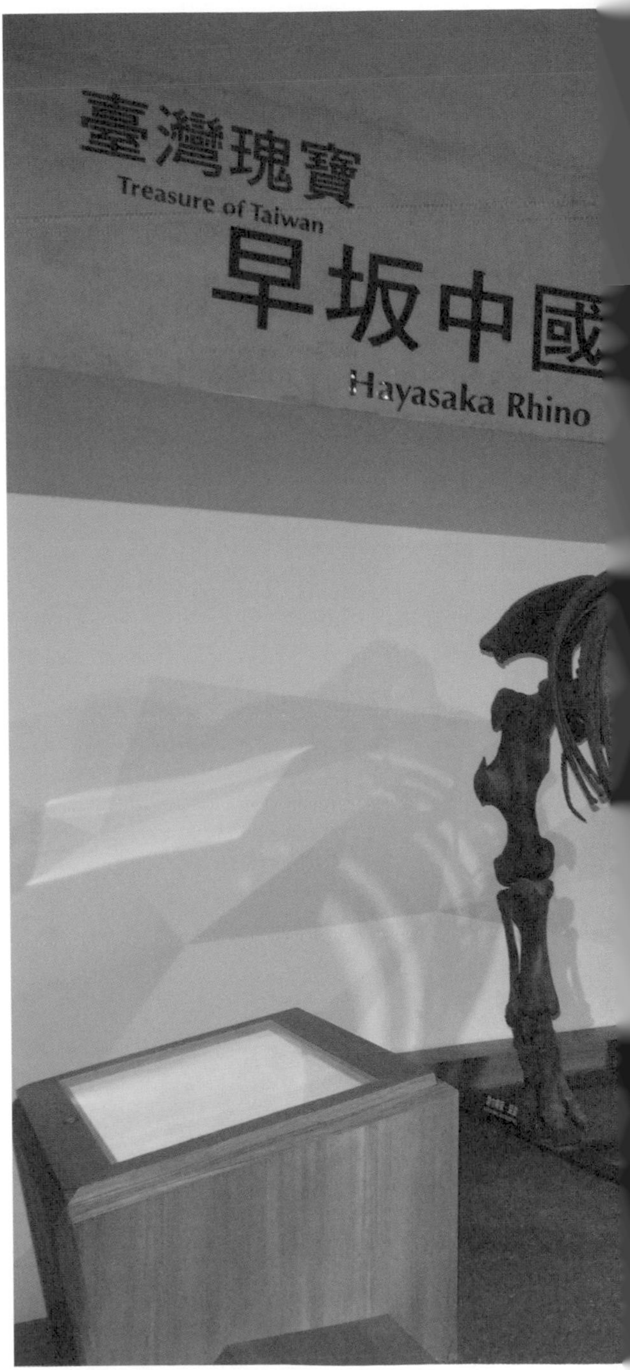

早坂中國犀化石模型

資料提供：臺南市政府文化局
左鎮化石園區

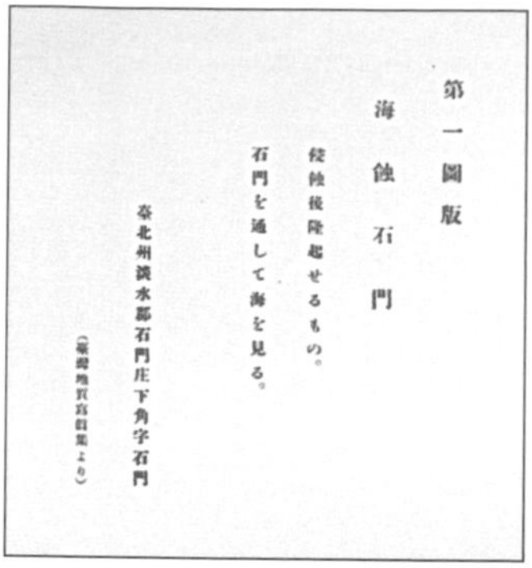
第一圖版
海蝕石門
侵蝕後隆起せるもの。
石門を通して海を見る。
臺北州淡水郡石門庄下角字石門
（臺灣地質寫眞集より）

海蝕石門

資料來源:臺灣總督府內務局編,《天然記念物調查報告》,第二輯（臺北：臺灣總督府內務局，1935 年），頁 1-2。

泥火山

資料來源：臺灣總督府內務局編，《天然記念物調查報告》，第二輯（臺北：臺灣總督府內務局，1935 年），頁 13。

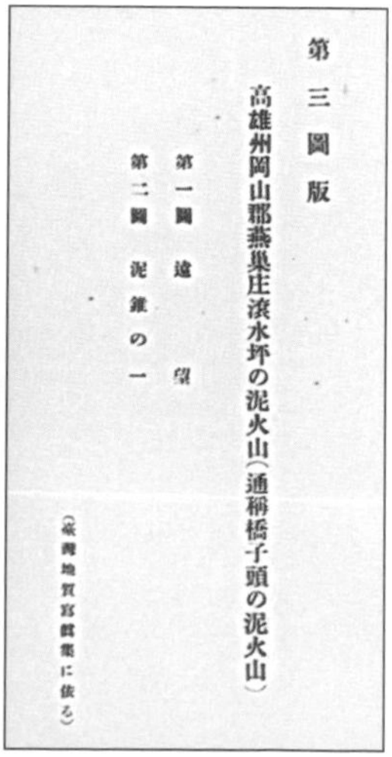
第三圖版
高雄州岡山郡燕巣庄滾水坪の泥火山（通稱橋子頭の泥火山）
第一圖　遠望
第二圖　泥錐の一
（臺灣地質寫眞集に依る）

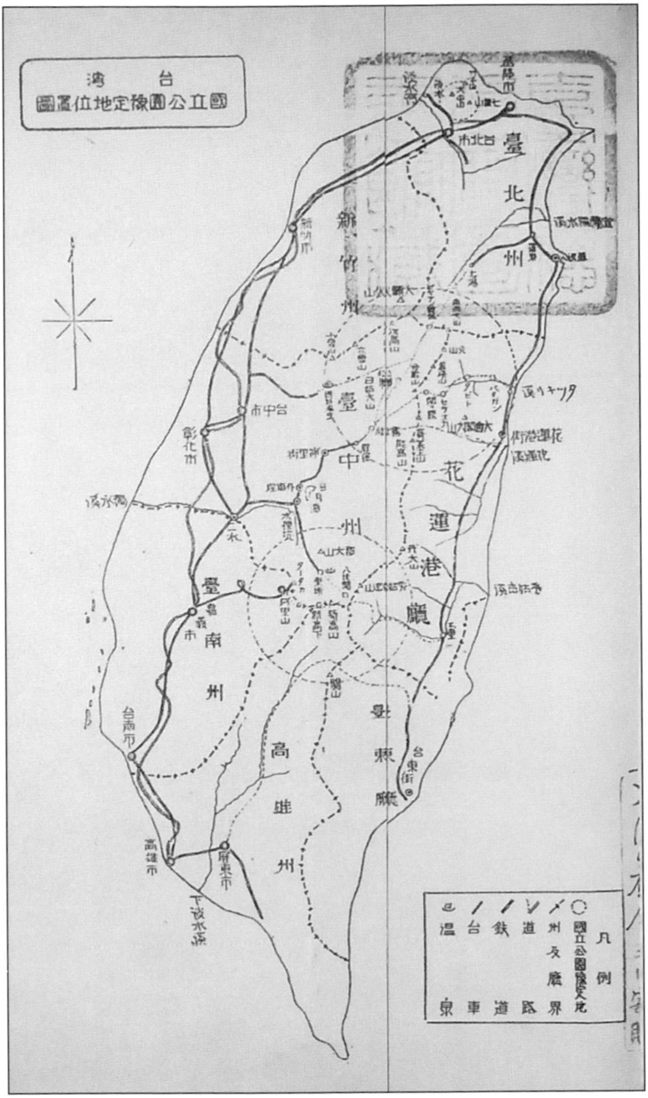

臺灣國立公園豫定地位置圖

資料來源：臺灣山林會編，《臺灣の山林》（臺北：臺灣山林會，1936 年）。

過港海岸的貝化石層

資料來源：臺灣總督府內務局編，《天然記念物調查報告》，第二輯（臺北：臺灣總督府內務局，1935 年），頁 29。

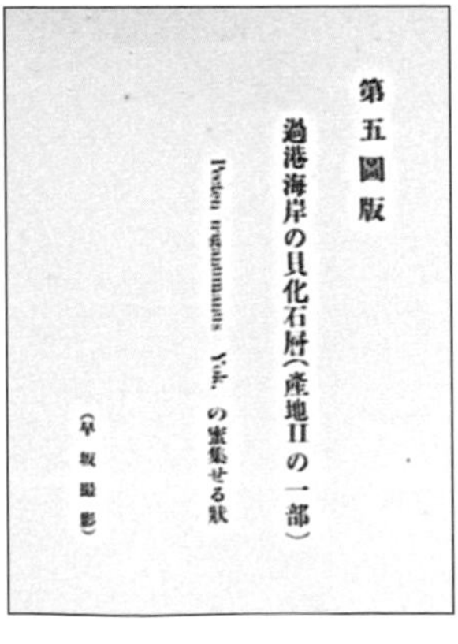

第五圖版

過港海岸の貝化石層（產地IIの一部）

Pecten [illegible] Yok. の密集せる狀

（早坂撮影）

《臺灣地學記事》

資料提供：蠹行文化聚合古書店

《隨筆地質學》

資料提供：胡哲明

早坂一郎博士惜別記念

1949 年 6 月，早坂一郎教授即將解除留用、返回日本之際，臺灣大學地質學系的學生呂學俊、黃敦友、鄭來水、葉雪淳、高而遜、高呈毅、黃雲燦、李朝雄、蕭寶宗等人，在臺北市大稻埕的山水亭為他餞行。

資料提供：呂慧珠

早坂一郎與馬廷英（1899-1979）

馬廷英，字雪峰，遼寧省金縣人。日本東北帝國大學地質學博士，是早坂一郎的學弟，同樣師事矢部長克教授，與早坂一郎關係頗為親近。

1945 年 10 月來臺，協助接收臺北帝國大學。之後任臺灣大學地質學系教授兼系主任、臺灣省海洋研究所所長。

圖片提供：黃金種子有限公司／青田七六

百年臺灣大地

早坂一郎（1891—1977）與近代地質學的建立和創新歷程

歐素瑛——著

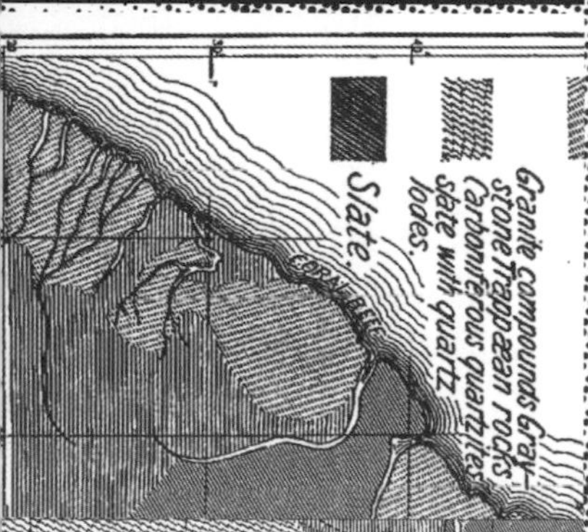

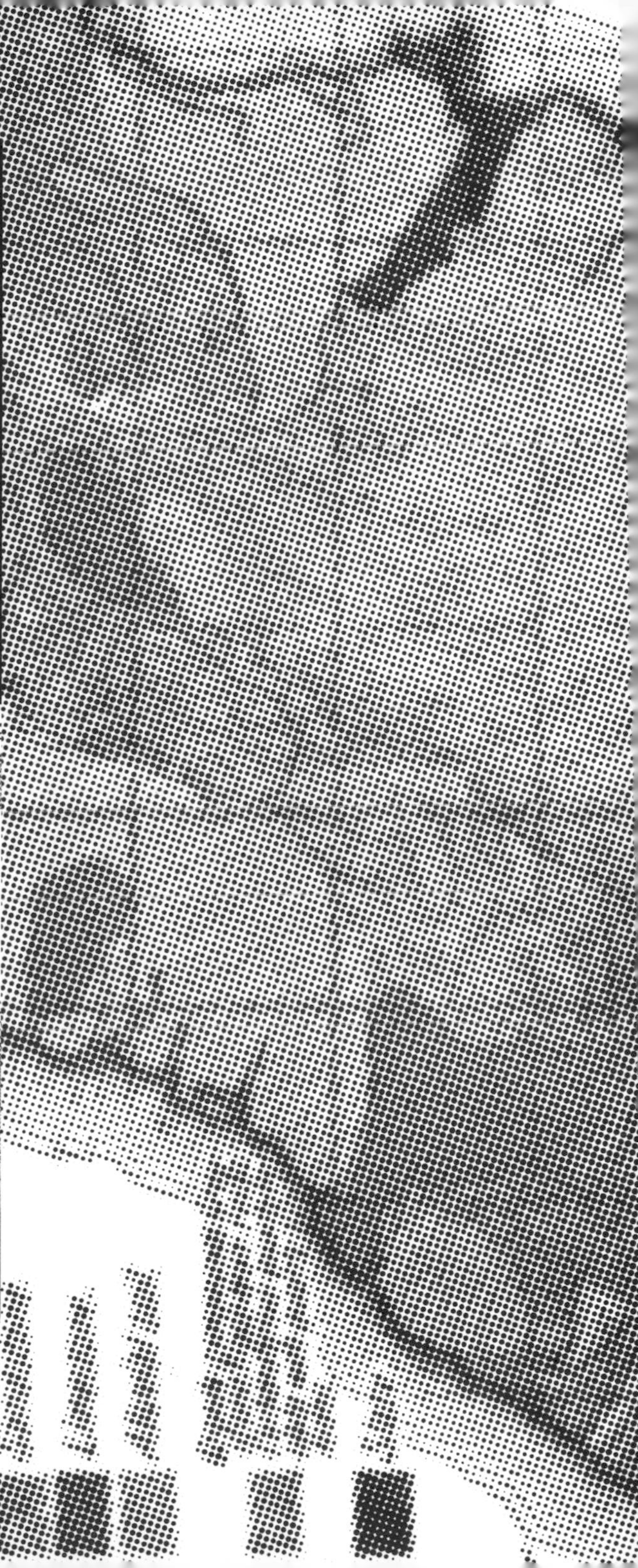

目錄

第三部　全面展開的視野——早坂一郎的地質學研究

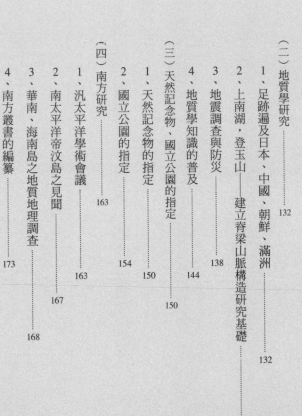

推薦序

科學雖然可以改變未來，但要從了解自身開始

／青田七六文化長 水瓶子（臺灣大學地質系七七級校友）

從大一進入地質系就讀，就愛上了臺灣山水風土。每次出野外，當我一邊艱困地研究著地圖，一邊氣喘吁吁跟上大家的腳步時，教授總一派輕鬆，依著地形圖，不論是在三千公尺的高山上，或是深谷溪底的大石頭間，都能穿梭自如、上下跳躍。我還沒喘過氣，教授早已指著地質露頭解釋完畢，我根本來不及測量記錄所見。

或許是玩心太重，終究沒能繼續地質系相關所學，畢業後就投入其他行業。一直到二〇一一年，當時和同學一起參與馬廷英教授故居青田七六的經營，便辭去了熟悉的專業領域，做著文化導覽的工作。回首大學地質系所學，野外實地記錄觀察測量、邏輯推演加上獨立思考能力，成為我人生中面對所有事情的萬用鑰匙。

．二〇二一年早坂犀足跡的新發現

大學時代就認識了師公——早坂一郎這號人物，但僅止於臺灣博物館收藏的寶物。一九二六年在新竹州大溪郡大溪街（今桃園市大溪區）發現了臺灣最早的犀牛化石，與之後左鎮犀牛化石皆被命名為早坂犀。早坂一郎對於國家公園的認定與價值，天然記念物的指定，例如海蝕石門、泥火山、貝化石層等，皆有相當的貢獻。而透過

本書，更進一步了解早坂教授在東亞各地進行野外調查，並與各地學者合作努力，方才造就了東亞地質學的成形；尤其是臺灣從無到有的地質學研究，更進一步影響臺灣考古人類學與近代環境保育觀念的奠定。

一九八四年，大塚裕之、林朝棨將早坂一郎採集自大溪的標本與左鎮採集的犀牛化石標本共同命名為中國犀牛早坂氏亞種（*Rhinoceros sinensis hayasakai*）。直到二〇二一年在新冠疫情期間，發現於菲律賓的菲律賓犀（*Rhinoceros philippinensis*）被重新檢視與研究，並發現與早坂犀牛具有共同的獨特特徵，不同於亞洲的獨角犀和雙角犀，為東亞獨特之支系，兩者因此一起被建立為新屬島犀屬（*ZooLogical* 雜誌的論文❶）。早坂犀被重新分類，成為合併新物種早坂島犀（*Nesorhinus hayasakai*）。

歷經了將近一百年，我們對於犀牛的物種演化與足跡的研究，才前進了一點點。

・從日月潭水力發電廠到石門水庫去除淤積永續開發

日月潭水力發電歷經了全球經濟不景氣，最後在一九三四年完工。早坂一郎就地質學的角度看到了臺灣各地的剝蝕作用相當顯著，指出進行日月潭電力工事時必須注意岩盤不安定的問題，以及對自然、人文的衝擊。

臺灣歷經多次的大地震，不論是核電廠附近的斷層調查、因應極端氣候需要預防豪大雨的堤防建設以及水庫蓄水等，種種建設都需要地質學家。最近石門水庫歷經兩千日的工期回春延壽，阿姆坪防淤隧道竣工，每年可清淤增加六十四萬噸，這些基礎

❶ Pierre-Olivier Antoine, Marian C Reyes, Noel Amano, Angel P Bautista, Chun-Hsiang Chang, Julien Claude, John De Vos, Thomas Ingicco, A new rhinoceros clade from the Pleistocene of Asia sheds light on mammal dispersals to the Philippines. *Zoological Journal of the Linnean Society*, Volume 194, Issue 2, February 2022, Pages 416–430, Published: 22 May 2021. https://doi.org/10.1093/zoolinnean/zlab009

研究調查與相關的工程，都不是一蹴可幾，對於大自然的破壞與人類的生存，必須有個平衡點。

・宮澤賢治的胡桃化石，滄波石與雪峰石的發現與命名

宮澤賢治《銀河鐵道之夜》中提到胡桃化石的發現，書中那位地質學家就是早坂一郎。這樣的情緣，讓我想到了滄波石、雪峰石的發現。

二〇一三到二〇一五年間，黃士龍、沈博彥、朱傚祖、俞震甫幾位地質學相關的研究者組成團隊。他們在登山時，討論應該做一些什麼創新的事物，於是有了找尋新礦物的計畫，從維也納自然博物館收藏品中切割出了一個 1.5 x 1.5 x 0.3 公分、大概如同米粒大小的標本，這個標本是一九七九年在阿根廷的一個農田發現的隕石。

從這個隕石內，臺灣的研究團隊找到了三種不同的新礦石，其中二種礦物目前在地球表面尚未發現，為了紀念顏滄波、馬廷英教授兩位地質學老師的教導，因此申請命名為滄波石、雪峰石。其中滄波石與骨骼構成類似，未來或許可以成為生物科技的陶瓷材料，而這樣的發現對於了解太陽系的過去與人類科技的未來，都有很大的影響，只是這樣的研究進度非常的緩慢。

・博物學家的視野

大家都知道達爾文物競天擇的演化論，他認為所有物種都是從少數共同祖先演化

而來的。但達爾文不單只是生物學家，甚至是地質學家、考古學家，或稱為博物學家。他也研究神學。

回到大航海時代，人類對地球各處的探索或植基於物產的開發，然書中說明早坂一郎對於馬偕博士能夠記錄自然的現象，最後是以讚嘆天主作結的：「縱使土地變換，縱使山巒淹為滄海，我們也毫不畏懼。無論何處都有神為我們而設的避難所，祂將以雙手擁抱我們。我們將奉獻此生讚美主。」這與我們小時候教育的「人定勝天」大不相同。吾人雖不一定有宗教信仰，但無論科學如何的進步，對大自然都必須存有敬畏之心。

・科學雖然可以改變未來，但要從了解自身開始

走過瑞芳哩咾海濱，看著一片陰陽海，以及一九九〇年關閉的禮樂煉銅廠舊址。回想當時我們在山上出野外眺望這一片海洋，大家猜想著說或許幾年後可能陰陽海就消失，但至今仍然存在。到底是什麼原因造就出這樣特殊的地質景觀？也有地質系教授經常在金瓜石調查，期待因為開採技術的進步能重新開採金礦。

這十年流行跨領域學習，人們多開始發展斜槓專業，單一專長似已無法滿足社會所需。面對世界上各種競爭，我們需要更全面的了解自己生活的這塊土地。認識自己，做更多基礎的地質調查，了解先人的努力歷史，進一步對於各族群、生物重新認識，連結古今，才能更有自信地邁向未來。

自序

以學術研究取向，認識臺灣近代地質學的發展與成果，並看見島嶼生物多樣性

本書係延續個人對近代臺灣教育史、學術史的研究興趣，以臺北帝國大學理農學部地質學講座教授早坂一郎為核心，探究百年來臺灣在地質學調查研究上之發展歷程及其成果，以及這些成果在臺灣地質學上之重要意義等。

．臺灣的地質學研究

地質學的英文 geology 源自希臘文。geo- 代表 earth、地球，-logy 代表 science、科學。亦即，地質學等於地球科學 earth science。但因地球科學的研究內涵包羅萬象，包括大氣、海洋、岩石等各層圈，且研究領域也日趨分工，故目前地質學一般指狹義的地球科學 geoscience，是一門研究地球的起源、物質（material）、結構（structure）、地質作用（geological process），以及演變歷史（history）的科學。地質學的內涵一般可分為兩大部分，一為自然地質學（physical geology，或稱物理地質學），一為歷史地質學（historical geology）。自然地質學以研究現今或近代的地質作用和現象為主，通常可分為若干領域，包括：與地球化學成分相關的研究，如礦物學（mineralogy）、

岩石學（petrology）、地球化學（geochemistry）；與地球物理性質相關的研究，如地球物理學（geophysics）、地震學（seismology）；與岩體構造相關的研究，如構造地質學（structural geology）；與能源及資源相關的研究，如石油地質學（petroleum geology）、礦床學（ore geology）、水文地質學（hydrogeology）；與地質環境及土木工程相關的研究，如工程地質學（engineering geology）。歷史地質學以研究時間上的關係為主，包括研究地球的發生、生物的演化過程和海陸演變歷史，如古生物學（paleontology）、地層學（stratigraphy）、古氣候學（paleo-climatology）、地史學（geochronic geology）。❶不但範圍十分廣泛，與人類生活更是息息相關。

臺灣位於亞洲大陸的東緣，島上高山疊起，地形起伏變化大。從全球板塊構造環境來看，處於歐亞板塊與菲律賓海板塊相接處，是板塊活動最劇烈、最頻繁的地區，加上島上多斷層及地震地形，以致大小地震頻仍。❷其他因造山運動、風化及侵蝕等作用而形成的特殊地質現象，如泥火山、海蝕地形、貝化石層等，均甚具獨特性，因而成為地質學研究的重要寶庫。

・臺北帝國大學地質學講座

臺灣最早的地質調查研究始於十九世紀中葉，乃因蘊藏豐富的硫磺、煤炭及砂金等礦產資源，引起英、美、德等西方國家之興趣，並派員來臺進行地質調查研究；惟

❶ 劉聰桂，〈緒論〉，收入劉聰桂等人著，《普通地質學（上）》（臺北：臺大出版中心，2018 年）。

❷ 〈臺灣島的前世今生〉，《國立臺灣大學地質科學系碳十四定年實驗室》，網址：http://carbon14.gl.ntu.edu.tw/history2.htm，2023 年 6 月 3 日點閱。

上述人士大多有其特殊目的或興趣，僅針對特定區域或部分地區作調查，皆屬於初步的地質調查研究。

近代臺灣的地質學研究始於日治時期。一八九五年日本領有臺灣之後，曾先後派遣學者專家來臺，投入「學術探險」工作；同時逐步展開以國家經營為目的的殖產興業調查，留下為數可觀的調查報告和研究成果，促使臺灣地質知識有了飛躍性的提升，更是臺灣總督府政策的重要參考。迄一九二八年三月臺北帝國大學成立之後，地質學研究更進入學術研究的階段。該大學為日治時期臺灣唯一的綜合大學，也是最高的教育暨學術研究機關，不論是學術研究成果，或是高等教育人才養成，以及設備、師資素質各方面，都相當優秀。另外，為配合南進政策之推動，致力於臺灣、南支南洋地區自然和人文的研究和開發，肩負「國策大學」的使命。

臺北帝國大學創設之初，設立文政、理農兩學部，同時比照德國的大學制度，施行講座制。每一講座均為一獨立而完整的研究單位，以講座教授及其專業領域為核心，追求卓越的學術研究業績，乃是大學最大的特色。理農學部之下設有地質學講座，為大學最早設立的講座之一，並延聘東北帝國大學地質學講座助教授、理學博士早坂一郎（1891-1977）為講座教授。早坂一手籌備創設臺北帝國大學地質學講座，在其領導下，旋即展開一系列科學的地質學研究，從臺灣新生界之古生物、地層、岩石、鑛物、地史及地質構造，到南支南洋之廈門、金門、海南島、帝汶島、泰國等的地質調查研究等，累積許多重要的、具開創性的研究業績，著書、論文達二五五篇，不但對日本、中國及世界的地質學研究有顯著的貢獻，對臺灣的古生物學研究貢獻尤鉅。同時，他也獲聘為臺灣總督府史蹟名勝天然記念物調查會委員、臺灣國立公園委員會委員，經其調查並向總督府推薦、指定海蝕石門、泥火山、貝化石層等為天然記念物；又建議將臺灣地理特徵的熱帶景觀，即南部的鵝鑾鼻及恆春半島一帶列入國立公園，對臺灣國立公園候補地之選定，頗多建設性意見。另外，他結合總督府技師、學校教師等地質相關人員，於一九三〇年主導創設臺灣地學會，刊行《臺灣地學記事》，登載臺灣地質調查文章，以及其他地質相關文章，藉資交流、普及地質知識。

要言之，臺北帝國大學地質學講座之創設與發展，實具體而微地呈現出近代臺灣地質學研究之建立和創新歷程，為臺灣學術發展史上重要的一頁。

・東北帝國大學地質學科

早坂一郎教授的母校是日本東北帝國大學，為今東北大學的前身。

二〇一五年夏天，我獲得日本國際日本文化研究センター聘為外國人研究員，加入該中心松田利彥教授主持之跨國研究計畫「植民地帝國日本における知と權力」，我的研究主題為「台北帝国大学と熱帶氣象学の展開——白鳥勝義を中心に」，係以臺北帝國大學氣象學講座教授白鳥勝義（1897-1957）為中心，探究該大學之熱帶氣象學研究及成果等。白鳥教授為東北帝國大學物理學科畢業，且曾留校任物理學教室副手、講師、大學附屬向山觀象所地球物理學研究室主任等職。為蒐集其相關文獻資料，遂前往仙臺的東北大學史料館蒐集資料，在文獻資料中，不時會看到早坂一郎以「早坂生」為筆名發表短文，留下深刻印象。之後，特別到該校理學部自然史標本館參觀。該標本館成立於一九九五年，主要展出東北大學在研究、教學過程中所留存下來的標本。一進入自然史標本館，首先映入眼簾的是一隻超過二十公尺的塞鯨的骨骼，其長度幾乎與整間標本館一樣大，地上還有幾隻碩大的劍龍模型，十分壯觀，參觀者無不驚嘆連連。全館總計展示了約一千二百種生命進化相關的岩石、鑛物，以及考古學、化學、金屬學的資料及最新的研究成果等，可藉此了解地球的起源及演化歷程。另外，也展出了宮澤賢治所發現的胡桃化石、鑛石以及動物標本等，並介紹了數位東北大學重要的地質學者，其中也包括了早坂一郎。

回到臺灣後，我立即蒐尋早坂一郎教授的資料，知其為臺北帝國大學教授，也是著名的地質學、古生物學者，早年以研究日本的地史、古生物學，在日本的地質學界嶄露頭角；一九二六年三十五歲時，由仙臺來到殖民地臺灣，先後擔任臺灣總督府臺北農林專門學校教授、臺北帝國大學教授，領導地質學講座助教授、講師、助手等投入臺灣的地質學研究，取得豐碩的研究成果。戰後一九四五年十一月，早坂一郎獲接收改制後的臺灣大學留用，也兼任臺灣省海洋研究所研究員，繼續教學、研究不輟。

留用期間，早坂對臺灣政經局勢的變化有許多觀察，包括物價高漲、治安混亂、貧富差距日益懸殊等，更因參與籌組蓬萊俱樂部而引起國民政府之注意，不久即解散，工作與生活均戰戰兢兢，迄一九四九年五十八歲時返回日本。

早坂一郎在臺二十餘年間，適值其中、壯年階段，也自言是其一生中最活躍、最努力調查研究的一段時間，所取得的研究業績也最為豐碩。他的一生，跨越不同的時代與地域，也將研究範圍由日本、中國、朝鮮，擴大到臺灣、南支南洋，對東亞地區地質學、古生物學研究貢獻良多，可說是「臺灣地質學研究的先驅」。而他所指導的學生，包括林朝棨、顏滄波、王源等，先後獲聘為臺灣大學地質學系教授，使得戰前臺灣地質學、古生物學研究及其成果得以延續，學術系譜可說一脈相承。

・天然記念物、國立公園的指定

早坂一郎是臺灣博物學會會員，也是臺灣總督府史蹟名勝天然記念物調查會委員。迄一九四五年八月止，總督府公告之天然記念物計十九項。其中地質礦物一類，共指定四項，包括海蝕石門（臺北州淡水郡石門庄）、泥火山（高雄州岡山郡燕巢庄）、北投石（臺北州七星郡北投庄）、貝化石層（新竹州竹南郡後龍庄過港）等。除北投石外，均係根據早坂一郎之調查報告並經其推薦、指定者，在地質學及古生物學研究上具重大意義。

又，一九三三年六月臺灣總督府設置國立公園調查會，並於一九三五年聘任幣原坦、日比野信一、早坂一郎等人為國立公園委員會委員，開始研究在臺設定國立公園之相關事宜。早坂教授因從事調查活動，注意到臺灣南部的熱帶風景地。尤其一九三五年獲總督府指定為天然記念物的熱帶性海岸原生林、毛柿及榕樹林兩項，均位在屏東恆春鵝鑾鼻，風景頗令人驚豔。但總督府僅指定大屯、新高阿里山、次高太魯閣等三處為國立公園候補地，令早坂大失所望，並於委員會議中極力爭取，他認為臺灣國立公園的設置應考量其特異性，選出讓內地來的觀光客認為是來臺灣一定要看的風景、景觀，而鵝鑾鼻及恆春半島一帶，具有熱帶臺灣地理特徵的熱帶景觀，應列入國立公園。不過早坂的提議並未被採納，一直到一九八二年墾丁國家公園成立才獲得落實。

．早坂犀牛化石標本

二〇一九年五月，我應邀參加成功大學歷史系與南瀛國際人文社會科學研究中心、國立臺灣歷史博物館共同主辦之「府城深耕五十年，成就世界續百年：成功大學二〇一九年臺灣史國際學術研討會」，並於會中宣讀〈早坂一郎與近代臺灣地質學研究之展開〉一文初稿，說明早坂一郎在臺灣開展地質學研究之歷程及其結果。印象深刻的是，會後有一位志工朋友來跟我道謝，說他今天收穫很大，之前他曾聽說過「中國犀牛早坂氏亞種化石（*Rhinoceros sinensis hayasakai*）」，但不知為何學名有「中國」兩字？也不知「早坂」是何許人。聽了我的報告之後，他才知道原來「早坂犀牛」的「早坂」就是早坂一郎教授，之所以有「中國」兩字，是因為這隻犀牛推定生存的年代距今約九十萬至四十五萬年前，那時尚未有臺灣海峽，臺灣與中國陸地相連，所以中國特有的大型動物才會跑到臺南左鎮山區來。同一年，臺南左鎮化石園區（前身為臺南市菜寮化石館，經擴大編制而成）正式啟用，其下計有自然史教育館、故事館、生命演化館、化石館及探索館等五館。其中，化石館即是以早坂中國犀的全身骨架化石作為展示主角。

早坂犀牛化石，係早坂一郎、陳春木等人於一九三〇年代在臺南新化左鎮的菜寮溪一帶所發現的大型哺乳動物的化石，可能是數十萬年前的古老犀牛化石。一九七一年，犀牛化石的部分牙齒在臺南左鎮菜寮溪被發現，並推測一旁的岩層中還埋藏有同一個體的其他部位。臺灣省立博物館（今國立臺灣博物館）獲報後，旋即組成工作團隊，在臺灣大學教授、也是早坂一郎的學生林朝棨的指導下，前往臺南左鎮挖掘出犀牛化石的部分骨骼。翌（一九七二）年臺灣省立博物館再延聘兩位日籍的古生物學家鹿間時夫、大塚裕之教授，協助進行第二次的挖掘工作。一九八四年，大塚教授與林朝棨教授將這隻犀牛化石命名為「中國犀牛早坂氏亞種化石（*Rhinoceros sinensis hayasakai*）」，以紀念在臺灣發現犀牛化石的早坂一郎教授。這批犀牛化石的部分骨骼則保存於臺灣省立博物館。二〇二一年，國際團隊重新研究早坂犀牛，發現其與菲律賓犀（*Rhinoceros philippinensis*）外形十分相似且獨特，有別於其他犀牛物種，故將兩者分類為「新屬島犀屬（*Nesorhinus*）」，早坂犀牛也被重新分類為「早坂島犀（*Nesorhinus hayasakai*）」，代表屬於臺灣過去獨特的生物多樣性。❸

・福爾摩沙・美麗之島

臺灣向有「福爾摩沙（Formosa）」、「美麗之島」之稱，在地質上也有許多精采與特殊之處，值得仔細了解與觀察。

本書係以歷史學實證取向的研究，小題大作的方式，廣泛地蒐集臺、日兩國所典藏之相關檔案史料、回憶錄、圖書文獻資料等進行爬梳，並以早坂一郎為核心，透過對其一生學思歷程及研究成果之分析，探究臺灣地質學研究之建立和創新過程，並剖析早坂對臺灣地質學研究之貢獻及影響等，藉期對近代臺灣地質學研究之學術脈絡得到較為適切而周延的瞭解。

全書之章節架構，除序言、結語外，計分為四部分。第一部「礦之味・遠航來此——十九世紀中葉的地質踏查」，首先追溯十九世紀英、美、德等國之西方人士來臺之經緯及其地質踏查成果。第二部「學術探險與殖產興業——日治前期的地質調查研究」，係探究日治前期學者專家的「學術探險」以及臺灣總督府基於殖產興業的實用目的，展開全臺各地之地質學調查研究及其成果。第三部「全面展開的視野——早坂一郎的地質學研究」，係以臺北帝國大學地質學講座教授早坂一郎為核心，說明在其領導下，所展開的一系列科學的地質學研究及其成果。第四部「戰後留用與地質學研究傳承」，係探究一九四五年二次世界大戰結束後，早坂一郎獲臺灣大學留用期間之地質學研究及其傳承。透過上述考察，當有助於對百年來臺灣在地質學調查研究之發展，以及學術研究的取向及其成果等之認識與理解。

❸ 〈早坂犀化石標本〉，《國立臺灣博物館》，網址：https://www.ntm.gov.tw/collection_288_68490.html，2023 年 6 月 4 日。

[第一部]

礦之味・遠航來此
——十九世紀中葉的地質踏查

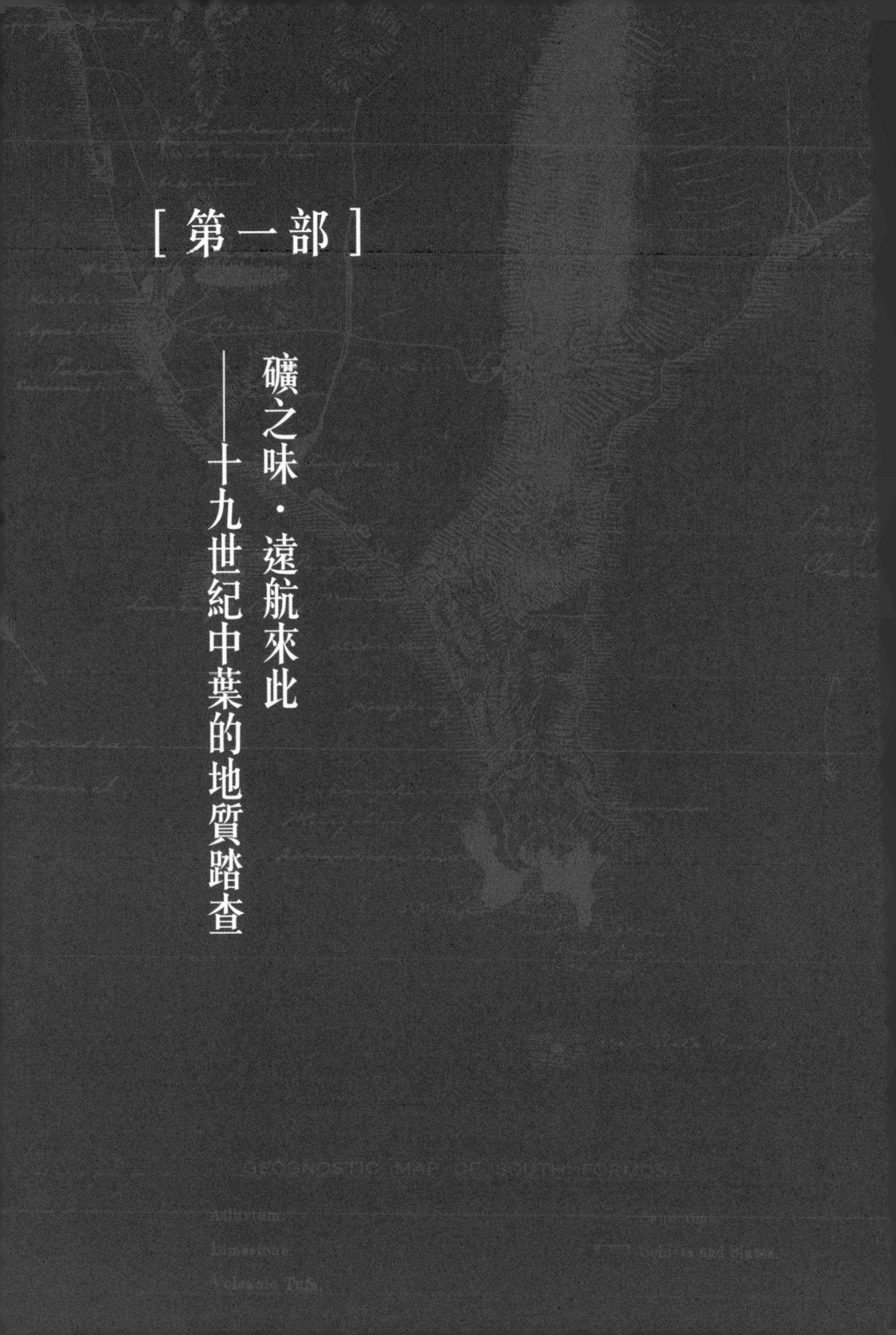

臺灣位於亞洲大陸東緣，東濱太平洋，西臨臺灣海峽，北臨東海，南隔巴士海峽與菲律賓遙遙相對，島上高山疊起，超過三千公尺的高峰達兩百多座，地形起伏變化大，高度極為陡峭，是一個平原面積僅占百分之三十的高山島。

從全球的板塊構造環境來看，臺灣位處歐亞板塊最東緣，東側與菲律賓海板塊相接，處在現今地球板塊活動最劇烈、最頻繁的地區——環太平洋地震帶與環太平洋火圈之上，以致經年累月大小地震頻仍。由於島上多斷層及地震地形，尤以東部最為頻繁，高山地區的地層更因為持續的地殼變動，變得非常破碎，向來是新構造運動、地質災害等地質研究的焦點，❶頗具獨特性，因而成為地質學調查研究的重要寶庫。

自十七世紀以來，臺灣因位居交通、貿易要衝，以及戰略上的重要地位，逐漸成為歐美海權與殖民列強爭相奪取的目標，荷蘭、西班牙兩國先後占據南、北臺灣便是最好的例子。迨至十九世紀中葉以來，又因蘊藏豐富的煤炭、硫磺及砂金等礦物資源，引起英、美、德等西方國家之興趣，先後來臺進行地質調查研究，有英國海軍少校安特・戈登（Lieuten

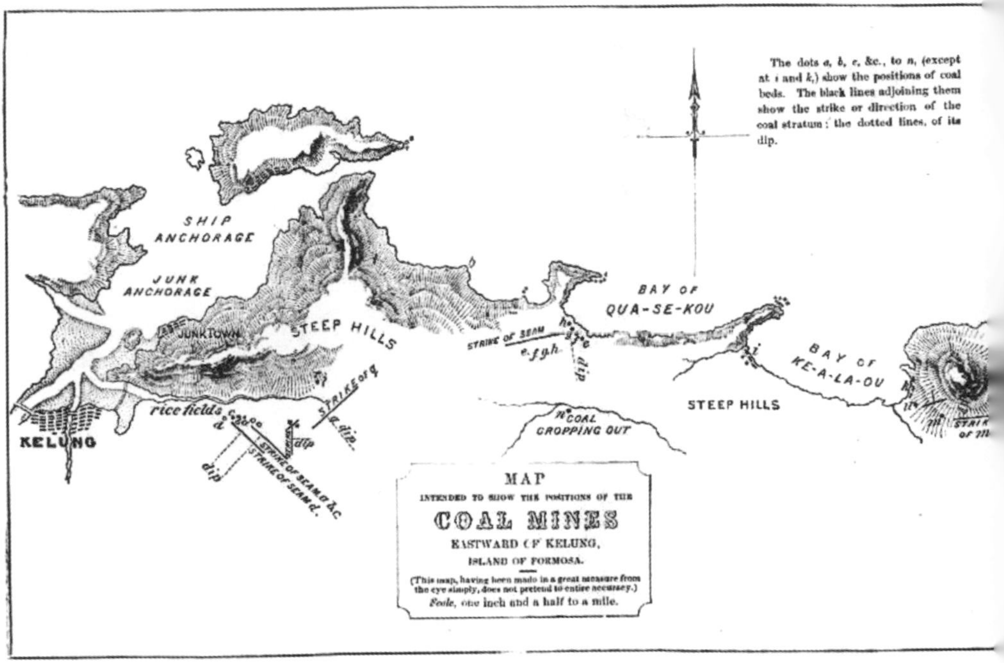

1854 年 7 月，培里指派部屬亞柏特上校帶領兩艘軍艦來臺，測繪北臺灣海岸線，並調查基隆周邊煤礦。返國後，培里於 1856 年提交報告書，提到基隆可能蘊藏大量煤礦，可以透過煤礦獲得利潤，並建議占領臺灣，作為美國的殖民地。

資料來源：© Francis L. Hawks, Public domain, via Wikimedia Commons

❶ 陳宏宇，〈臺灣地質環境及其災害〉，《科學月刊》，第 356 期（1999 年 8 月）。《科學月刊全文資料庫》網址：http://resource.blsh.tp.edu.tw/science-i/content/1999/00080356/0008.htm，2020 年 3 月 4 日點閱。「臺灣島的前世今生」，〈地質學習教室〉，《2012 數位典藏國家型科技計畫—臺灣大學地質科學典藏數位化計畫》，網址：http://nadm.gl.ntu.edu.tw/nadm/cht/class_detail.php?serial=261&serial_type_1=1&serial_type_2=3&serial_type_3=24，2020 年 3 月 4 日點閱。

Ant Gordon，一八四七年來臺調查雞籠煤礦）、美國海軍上校喬埃・亞柏特（Joel Abbot，一八五四年隨美國東印度艦隊司令官培里〔Matthew Calbraith Perry〕訪日時，奉派來臺測繪北臺灣海岸線、勘查雞籠周邊煤礦❷），以及德國地質學者李希霍芬（Ferdinand von Richthofen，一八六〇年來臺地質勘查）、美國駐中國廈門領事李仙得（Charles W. LeGendre，一八六九至一八七二年曾八次來臺踏查）、德國地理學者古比（H. B. Guppy，一八八〇年來臺）、在中國海關工作的德國人克萊因瓦奇特（George Kleinwächter，一八八二年來臺）、為傳教而來臺的加拿大長老教會宣教師馬偕（George Leslie Mackay）等歐、美人士來臺進行相關的探查，其成果大多刊行專書或刊載於報章雜誌上。這些第一手的報告或踏查紀錄，可說是認識十九世紀臺灣社會、民情風俗以及地質、地形等之珍貴資料。

一、德國地質學者李希霍芬——隨東亞遠征團來臺踏查

我們的小船停在滬尾附近，離剛才兩個山地不遠的距離，山峰直接由坡地入海，因為時間有限，我僅停留在淡水地區調查。

——〈福爾摩沙北海岸之山脈構造〉，李希霍芬，一八六〇年

李希霍芬

圖片來源：© Milster, Ernst, Public domain, via Wikimedia Commons

❷ 美國東印度艦隊，係 1852 年美國為拓展遠東貿易利益，派遣海軍准將培里率領由美國本土 4 艘動力艦隊並會同東印度船隊所組成的東印度艦隊前往日本，企圖打開美日貿易。1854 年 7 月培里指派部屬亞柏特上校帶領兩艘軍艦來臺，測繪北臺灣海岸線，並調查基隆周邊煤礦。返國後，培里於 1856 年提交報告書，提到基隆可能蘊藏大量煤礦，可以透過煤礦獲得利潤，並建議占領臺灣，作為美國殖民地。

一八五八年臺灣開港通商❸後，有英、美等國商人相繼進駐各口岸經商，臺灣與世界的關係較前密切。一八六〇年，德國地質地理學者李希霍芬隨艾林波公爵（Graf F. A. zu Eulenburg）所率領之東亞遠征團到中國，並搭乘皇家普魯士號來臺進行地質勘查。

李希霍芬（Ferdinand von Richthofen, 1833-1905），是德國知名的地質、地理學家，歷任波昂大學（University of Bonn）、萊比錫大學（University of Leipzig）、柏林大學（University of Berlin）地理學教授、國際地理學會會長、柏林大學校長等職。他提出地理學是研究地球表面的科學，首次系統地論述地表形成的過程，也對地貌的形成過程進行分類。一生出版了將近兩百部地質地理學著作，其巨著《中國——親身旅行和據此所作研究的成果》（*China: Ergebnisse eigener Reisen unddarauf gerüindete Studien*），是第一部有系統地闡述中國地質基礎和自然地理特徵的重要著作，除了提出中國黃土風成的理論，也是使用「絲綢之路」來形容中國西部往歐洲的貿易路線的第一人，❹對近代中國地質、地理學的發展有重大的影響。

一八六〇年德國派到東方的東亞遠征團，其目的有三，一是與中國、日本、暹邏簽訂外交、商業與航運條約；二是在東亞進行學術、商業與市場調查；三是在太平洋海域或南美洲南部找尋一個據點，以便將來闢建為殖民地。❺其中，曾到臺灣調查自然資源的有：地質學家李希霍芬、農業學家馬龍（Hermann Maron, 1820-1882）以及動物學家馬滕斯（Eduard von Martens, 1831-1904）。李希霍芬所搭乘的三桅帆艦鐵提斯號（Thetis）因吃水過大，無法進入港口，因此僅停留一天，除了調查淡水和基隆間的地質外，也負責探查基隆的煤礦，並將成果發表為〈福爾摩沙北海岸之山脈構造〉（Ueber den Gebirgsbau an der Nordküste von Formosa）一文，刊登在《德意志地質學社雜誌》（*Zeitschrift der Deutschen geologischen Gesellschaft*）。全文計分為四節，分別是淡水與基隆間地質的表面構造、淡水港附近山脈的構造、基隆港附近山脈的構造，以及淡水與基隆間的硫礦礦。其指出：

> 福爾摩沙係由一座海拔一萬兩千英尺的高山組成，在東海岸，它陡峭地墜入大海。向西，坡度更為平緩，這裡是島上有人居住和耕種的區域。在北部，山脈的盡頭是一座山地，只有幾座更高的山峰從那裡升起。……通過海路接近西北海岸，可以看到

❸ 清國於 1858 年、1860 年先後與列強簽訂《天津條約》、《北京條約》，開放臺灣的安平、淡水、雞籠、打狗等港口，准許外國人來臺通商。這些外交條約除了規範通商口岸開設相關事務外，並設置如打狗領事館等駐臺外交機構，也出現洋行、幫辦等社會新角色。

❹ （德）費迪南德・馮・李希霍芬，《李希霍芬中國旅行日記（上、下冊）》（中國：商務印書館，2016 年 6 月）。

❺ 余文堂，〈普魯士東亞的遠征和「中德天津條約」的談判與簽訂〉，《興大歷史學報》，第 12 期（2001 年 12 月），頁 177-237。

兩座高山（按：大屯山、觀音山），淡水河從兩山之間流過，在它們的左右兩側有一個明顯平坦的高原。……北邊山脈向海岸傾斜，山脊和峽谷豐富，在逐漸向大海傾斜的前陸上，從船的甲板上，可以看到這個斜坡上有許多村莊和豐富的莊稼。南邊的山脈沒有向大海傾斜的預備階段，而是由高原將其連接到西南，由完全平坦的地層所組成，由於植被覆蓋率低，從遠處可見朝向大海的斜坡相當突然地切斷了它們。但仔細觀察，發現大量的小溝壑和山谷，破壞了坡度的連續性。……東北海岸被形容是一個美麗的丘陵地帶，只有在遠處才能看到一些更高的山脈。基隆港是臺灣唯一適合大型船隻停靠的港口，是山區的一個小入口，北邊有一座突出的島嶼保護。❻

李希霍芬對北臺灣的地質條件有清楚的探查，更繪製淡水河沿岸的地質剖面圖，將其地質剖面分為粗面岩（Trachty，火成岩的一種）、火山礫岩（Trachytisches Conglomerat）、凝灰岩（Trachytische Tuffe）、礫石層（Schotterbanke）、貝殼碎屑層（Muschelbreccie）、沙灘（Sand）等六層。其中，粗面岩、火山礫岩、凝灰岩等三種火成岩，幾乎構成了淡水港區的

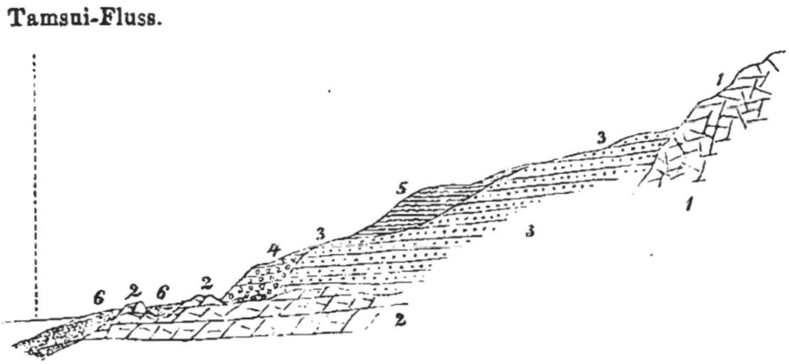

Ideal-Profil am Tamsui-Fluss.

1. Trachyt. 2. Trachytisches Conglomerat. 3. Trachytische Tuffe.
4. Schotterbänke. 5. Muschelbreccie. 6. Sand.

淡水河沿岸地質斷面圖

資料來源：© Die Deutsche Geologische Gesellschaft （Hrsg.）, Zeitschrift der Deutschen geologischen Gesellschaft, XII. Band, Mit vierzehn Tafeln （Berlin: Wilhelm Hertz, 1860）, p.539, 2022 年 3 月 1 日瀏覽 , https://archive.org/stream/ zeitschriftderde12deut#page/532/mode/2up。

❻ Die Deutsche Geologische Gesellschaft （Hrsg.）, Zeitschrift der Deutschen geologischen Gesellschaft, XII. Band, Mit vierzehn Tafeln （Berlin: Wilhelm Hertz, 1860）, p.532-534, 2022 年 3 月 1 日瀏覽 , https://archive.org/stream/ zeitschriftderde12deut#page/532/mode/2up。

全部區域，凝灰岩非常普遍，淡水港周邊地區的肥沃，得益於這些凝灰岩，斜坡上布滿了田野，除了種植稻米之外，也種玉米、棉花、紅薯、山藥、甘蔗等農作物，但因地勢狹窄，產量並不高。第四層是經河流搬運，由鈣質粘土牢固地粘合而成的礫石層，形成的陡峭河岸，高達三十英尺，其主要成分有粗粒的石英砂岩、粗粒花崗岩（按：當時一般人對岩石的辨識非常粗淺，臺灣沒有花崗岩，此處應是安山岩）、紅色正長石、黑雲母，以及黃綠色寡長石碎片。第五層的貝殼碎屑層，緊靠凝灰岩山坡，高度超過一百英尺，該地區大多數的墓地都建在這個貝殼層上。第六層沙灘，似乎是最年輕的沖積層，它形成了港口的錨地、河中的河岸，也是將港口與大海隔開的屏障。⑦

李希霍芬自淡水登陸，從北海岸沿著基隆港進入淡水河，他說：「我們的小船停在滬尾附近，離剛才兩個山地（按：觀音山、大屯山）不遠的距離，山峰直接由坡地入海，因為時間有限，我僅停留在淡水地區調查。」同時，他也回顧了臺灣的歷史指出：

自一六六二年荷蘭人的殖民地結束後，歐洲船隻只有偶爾來

⑦ 余文堂，〈19 世紀普魯士統一德國前對臺灣的覬覦（1850-1870）〉，《國史館館刊》，第 58 期（2018 年 12 月），頁 26-30。英尺，或英呎，符號 ft，又簡稱呎，是英制長度單位。1 英尺 =30.48 公分。

訪，基隆被允許少許貿易，淡水就很少。幾年來有非法的活動在這港口間穿梭，淡水港才逐漸看到歐洲船隻。我們發現三艘，因為這兩地的訪客不是商人就是船員。……我們在淡水港遇到一艘英國商船，船長告訴我們，他曾上溯淡水河四十英里，從新的地圖顯示，淡水河由兩個河系入海，小的河從基隆越過，但是沒有運河可以通往基隆。根據新的地圖，淡水河朝東南方有一個很長的河道可通行小船，往上溯十三英里有一個艋舺的聚落，土壤相當肥沃。❽

東亞遠征團除了和日本、中國與暹邏政府進行外交和商業的談判及簽約外，並試圖在太平洋海域（包括在臺灣）建立殖民地。不過，後來考量到在東亞殖民地的奪取，可能影響德國與其他西方列強間的外交關係，且因臺灣港口不良，氣候不適合歐洲移民，因此免除執行探勘建立一個海外殖民地的任務。❾

❽ Die Deutsche Geologische Gesellschaft （Hrsg.）, Zeitschrift der Deutschen geologischen Gesellschaft, XII. Band, Mit vierzehn Tafeln （Berlin: Wilhelm Hertz, 1860）, p.534-535, 2022 年 3 月 1 日瀏覽 , https://archive.org/stream/ zeitschriftderde12deut#page/532/mode/2up；施雅軒，〈自由廣場——臺灣的德國印記〉，《自由時報》，2018 年 12 月 14 日，網址：https://talk.ltn.com.tw/article/paper/1253863（2022 年 1 月 14 日點閱）。

❾ 余文堂，〈19 世紀普魯士統一德國前對臺灣的覬覦（1850-1870）〉，《國史館館刊》，第 58 期（2018 年 12 月），頁 28-32。

二、美國駐廈門領事李仙得——熱愛採集地質標本的外交官

登上雙岩（Double Rock，今燭臺嶼）對面的山脈，可以發現金包里（金山）的火山，高一四五〇英尺；稍往西邊，則是大油坑的火山，高二二七五英尺……。這些火山都生產硫磺，無論從那方面看，這些硫磺泉都很像舊金山北邊海倫娜山（Mount Helena）普多河（Pluto River）的間歇泉，兩者唯一的差別是，加州的間歇泉是從花崗岩噴湧而出，臺灣的間歇泉則是穿過成層的雞籠含碳砂岩噴湧而出。

——《南臺灣踏查手記》，李仙得，一八六九年

臺灣開港後，曾發生多次國際糾紛事件。一八六七年，一艘美國商船羅妹號（Rover）在屏東瑯嶠（恆春）外海觸礁沉沒，生還的十數名船員與船長韓特（Joseph Hunt）夫婦一行人與當地的原住民族發生爭執，並慘遭殺害。九月，美國駐廈門領事李仙得來臺調查處理。

李仙得（Charles W. LeGendre, 1830-1899），生於法國里昂，巴黎大學（法語：Université de Paris）畢業。[10] 大學時期即對地質學產生強烈的興趣，在他的生涯中，曾數度利用這門知識進行採礦，或地形地貌的觀察、量測，以及標本的採集等，在在顯示他身為地質學家的專業。一八六九年李仙得再次來臺，他從淡水出發，南下一直走到臺灣府城，一路上詳細調查臺灣西部的地理、地質等情況。因為這番經歷，並能說臺灣話，李仙得遂被視為「臺灣番界」通。在其一八六九年所撰領事報告（Reports on

李仙得
(Charles W. LeGendre, 1830-1899)

圖片來源：©Public domain, via Wikimedia Commons

[10] John Shufelt（蘇約翰）著，林淑琴翻譯，〈李仙得略傳〉，收入蘇約翰主編，《李仙得臺灣紀行》（臺南：臺灣史博館，2013 年），頁 lxxxvii-cii。1854 年李仙得娶美國女子為妻，並歸化為美國公民。其公職生涯始於參與美國南北戰爭，最初負責招募新兵，於 1861 年被任命為軍官。1862 年、1864 年二度負傷，並就此結束其軍旅生涯。繼於 1866 年 7 月起擔任美國駐廈門領事，迄 1872 年 12 月辭職，轉任日本政府顧問。1890 年獲聘為朝鮮王室顧問。1899 年 9 月病逝於首爾。

Amoy and the island of Formosa）中，對臺灣中、北部的煤炭、石油、硫磺、樟腦、木材等物產有詳細的介紹，尤偏重說明物產之開發價值。其中，關於基隆煤礦及其地質狀況，他指出：

> 臺灣北部與中部的廣大煤層，幾乎都不曾開發或探勘過。目前開採中的幾個煤礦，都在雞籠（基隆）港附近靠水之處。就加煤站而論，雞籠港地理位置良好，幾乎可以媲美任何中國大陸的港口。……
>
> 我認為，雞籠附近有幾座火山，對於從事海平面以下的煤礦開鑿來說，這將是無法克服的障礙。目前對於礦藏的測量，顯示其中存在著斷層（dislocations），若再經過地震，情況還可能加劇。雞籠南面的高山山脈所流下的水，通過這些裂縫所構成的天然管道，大量滲透到煤層所在的山丘，因此礦坑內若要排水，費用必定很龐大，而且最初所做的地下坑道建設，很容易由於土壤的震動而毀壞，變成最危險的工事。但是對於那些位於雞籠河水平線以上的煤礦，應該不會有人吝於投資，因為那裡的煤區廣

大，即使最樂觀的人也不會失望。[11]

在同一份領事報告中，李仙得對北部出產硫磺及其地質狀況，也有詳細的描述，指出：

從雞籠向西航往淡水，兩個小時之後，會來到一個小海岬，地圖上稱之為雙岩（Double Rock，今燭臺嶼）。在雞籠所見的砂岩，不時可見於沿線海岸，但是越接近雙岩，雞籠砂岩獨特的單斜層就越少見。雙岩的砂岩呈現各種形狀，角度極不規則，給人騷動不安的感覺，可以確定它們與鄰近小平原的火山爆發同時形成。登上雙岩對面的山脈，可以發現金包里（金山）的火山，高一四五〇英尺；稍往西邊，則是大油坑的火山，高二二七五英尺；大油坑往南，是臺灣一般稱作「淡水礦」的火山，標高四五〇〇英尺。這些火山都生產硫磺，無論從那方面看，這些硫磺泉都很像舊金山北邊海倫娜山（Mount Helena）普多河（Pluto River）的間歇泉，兩者唯一的差別是，加州的間歇泉是從花崗岩噴湧而出，臺灣的間歇泉則是穿過成層的雞籠含碳砂岩噴湧而出。這些

[11] Charles W. LeGendre（李仙得）原著，黃怡漢譯，《南臺灣踏查手記》（臺北：前衛出版社，2012 年），頁 196、200-201。

砂岩上頭常有東西覆蓋，其下可能是富含化石的石灰岩。這些火山多由大塊的熔岩（lavatic trachyte）組成，一部分由暗藍的黏土加以接合（這些黏土富含美麗黃色的細小黃鐵礦結晶，結晶平均分布在黏土上，顏色亮麗，乍看之下就像許多碎金），一部分則由白紅的土質接合（由於火山噴口處或山脈各頂峰邊坡噴出的冷泉或熱泉的作用，這些土質呈現液態狀）。……⑫

由上可見，李仙得在實地踏查臺灣中、北部的物產時，尤其是煤礦、硫磺等，也對其所處的地質狀況有詳細的解說，俾評估未來開發時所需的成本是否符合效益等。

值得注意的是，李仙得除順利解決羅妹號船難事件，也於一八六九年與瑯嶠十八社大頭目卓杞篤（Tauketok）締結著名的「南岬之盟」，承諾會保障來自歐美船難者的安全。兩年後的一八七一年十一月發生琉球國船隻在海上遇風漂流到瑯嶠東海岸的八瑤灣，被牡丹社原住民殺害的事件，李仙得遂於一八七二年二月再度來臺，希望將「南岬之盟」的效力及於琉球島民，但溝通未果。不久，李仙得返回美國途中在日本橫濱過境，並在美國駐日公使迪朗（Charles E. DeLong）引介下與日本外務卿副島種臣（1828-1905）會面，李仙得以其處理羅妹號事件之經驗，以「中國政教不及番地」為由，慫恿日本出兵臺灣，占領琉球難民被害之地，自行建立礮臺，派兵守衛等，並表示願意盡力協助，於十月獲聘為日本外務省准二等官。

一八七四年初，李仙得著手將其多年來在臺灣踏查所得之資料，包括臺灣的海岸、陸地與人民相關的全套地圖、海圖、照片等彙輯成《臺灣紀行》（*Notes of Travel in Formosa*），並上呈外務大臣大隈重信（1838-1922）。五月，日本以牡丹社事件為藉口出兵臺灣，李仙得也被任命為臺灣蕃地事務局准二等官；不過因美國政府聲明局外中立，禁止美國人及美國船隻介入，李仙得因涉入日本侵略臺灣事件，遭廈門領事逮捕，並送往上海美國領事館，因此並未隨軍來臺。而中國了解日軍有占領臺灣之意，急忙任命福州船政大臣沈葆楨為欽差大臣趕赴臺灣，積極部署防務，並與日軍進行交涉。最後雙方透過外交折衝與協商而化解。十月，中國與日本締結《北京專約》，中國賠償日本五十萬兩，日軍撤出臺灣，事件宣告落幕。[13]

[12] Charles W. LeGendre（李仙得）原著，黃怡漢譯，《南臺灣踏查手記》（臺北：前衛出版社，2012 年），頁 202-205。

[13] John Shufelt（蘇約翰）著，林欣宜譯，〈關於文本的介紹〉，收入蘇約翰主編，《李仙得臺灣紀行》（臺南：臺灣史博館，2013 年），頁 xiii-xxvii。

三、德國人克萊因瓦奇特——為建燈塔而進行南臺灣地質調查

從南勢開始，道路環繞一三四〇英尺的草山蜿蜒而行，進入大平原。地面的顏色變得較深，海灘為濃黑色的沙，沿著海岸直到打狗都如此。這裡的山都以北北東方向往後傾斜，一直延伸到傀儡山（Kueilei）的山腳。此山為南部中央山脈的脊柱。……

——〈福爾摩沙的地質研究〉，克萊因瓦奇特，一八八三年

一八七四年的牡丹社事件，使得臺灣成為國際注目的焦點。事件之後，中國政府有鑒於臺灣地位之重要，一改消極治臺之政策，開始積極經營臺灣。同時為防範外國船隻在臺灣附近海面遇難遭搶奪殺害之事，計畫在臺灣南部建造燈塔、籌設礮臺，以維持航海安全。一八八二年，中國海關擬在臺灣南部建造燈塔，遂派遣在中國海關工作的德國人克萊因瓦奇特（George Kleinwächter）前來臺灣南部進行地質調查，其後於一八八三年將其調查報告發表在《皇家亞洲學會中國北部分會期刊》（*Journal of the North-China Branch of the Royal Asiatic Society*）第十八期之〈福爾摩沙的

地質研究〉（Researches into the geology of Formosa）一文，主要是其在恆春半島的地質調查結果，並附有一幅彩色的屏東地質地形素描圖，早坂一郎教授認為這張彩圖應該是臺灣最古老的地質圖。[14]（按：參見彩色圖版第一張）

克萊因瓦奇特從恆春半島最南端的南岬一路走到打狗（高雄），沿途觀察各種礦物成分和地質結構。其中，對於南岬及其附近山丘山脈的成分，其觀察如下：

我們發現在南岬的峭壁上有大量的珊瑚殘餘物，幾乎構成整個塊體。東邊（今墾丁國家公園）山脈的頂峰是一系列帶有斷口和裂溝的石灰岩，而西邊山脈濱海處也呈現同樣的成分。但其頂端以及內陸的斜坡上，以及南岬的表面和該山脈的東邊斜坡，則覆蓋著石灰質的沙。南灣一帶的海灘由很細密的珊瑚沙組成，也找到無數紅色和白色現生的珊瑚蟲。其他的山都林木茂密，有茂盛的熱帶植物生長、樹木與灌木叢一直覆蓋到山頂，保護其表面，使其不致受到風化作用的耗損，因此其底層的岩層在粗略的

[14] 早坂一郎，〈マッカイ博士とその臺灣地質鑛物資料〉，收入齋藤勇編，《マッカイ博士の業績》（臺北：淡水學園，1939 年），頁 2-28。

觀察下不很明顯。……

大尖山的錐形物是由密實的石灰岩組成（按：應是由礫岩組成），沿著南灣海岸的數個地方，石灰岩塊突出水面。在恆春縣的圍牆內，我再次看到大量的石灰岩塊，此縣最上層的土壤全都是含鈣的泥質岩，種類繁多，從大尖山山麓的軟土質的頁岩到平原上，被溪流所揭露的黃色細緻黏土等都有。……從南勢開始，道路環繞一三四〇英尺的草山蜿蜒而行，進入大平原。地面的顏色變得較深，海灘為濃黑色的沙，沿著海岸直到打狗都如此。這裡的山都以北北東方向往後傾斜，一直延伸到傀儡山（Kueilei）的山腳。此山為南部中央山脈的脊柱。……⑮

克萊因瓦奇特是一業餘的博物學愛好者，他表示這次的地質調查並不完整，僅含括臺灣的某些地區，但仍能得到以下的推論：一、臺灣南部中央最高的主要山脈屬於初生代，是由結晶的片麻岩所形成，有斑岩類的火成岩穿越；二、中央最高的主要山脈兩側向西北、西、西南延伸，遠及南勢，是由志留紀系（Silurian）的板岩和頁岩所形成；三、從南勢到恆春縣的小山丘山脈，是由以下的地層蝕變作用而形成，在有些地方有石英的紋理；四、恆春縣以南的地區原為珊瑚島。這少許的事實，也令人感興趣。「同時可更進一步促進正統地質學的目標，即讓我們對地球上各地區的歷史與構造，都能獲取完整的知識。」⓰

⓯ G. Kleinwachter, 'Researches into the geology of Formosa', *Journal of the North-China Branch of the Royal Asiatic Society*, No.18（1883）, pp37-53。見費德廉、羅效德編譯，《看見十九世紀臺灣：十四位西方旅行者的福爾摩沙故事》（臺北：如果出版，2006 年），頁 253-254。

⓰ 同上，頁 257

四、加拿大長老教會宣教師馬偕——以造物主大能探索臺灣自然

我每次出去旅行、設立教會，或者探索荒野地區時，都會攜帶我的地質槌、扁鑽、透鏡，並幾乎每次都帶回一些寶貴的東西，存放在淡水的博物館。我曾經試著訓練我的學生，用眼明察，用心思索，以了解自然界蘊藏在海裡、叢林裡、峽谷中的偉大訊息。……

——《臺灣遙寄——島嶼、住民與傳道》，馬偕，一八九五年

加拿大長老教會派赴海外的第一位宣教師——馬偕（George Leslie Mackay, 1844-1901，漢名「偕叡理」），他於一八七一年底在臺灣南部的打狗上陸後，於一八七二年元旦從打狗出發，徒步到阿里港（屏東里港）訪問英國長老教會宣道會派來駐臺的首任牧師李庥（Rev. Hugh Ritchie, 1835-1879），經其建議及說明，決定以臺灣北部作為傳道之地。於是李庥牧師和在臺南府城工作的德馬太醫師（Matthew Dickson, 1842-1909）陪同馬偕搭船北上，於一八七二年三月九日在淡水登陸，旋即展開長達

馬偕 (George Leslie Mackay, 1844-1901)

圖片來源：©Public domain, via Wikimedia Commons

二十九年的宣教生涯。

他以淡水為家，學習當地的語言，娶臺灣女子張聰明（1860-1925）為妻，足跡遍及大半個臺灣，終身從事傳道、醫療及教育工作，並於一八九五年出版回憶錄《臺灣遙寄——島嶼、住民與傳道》（*From Far Formosa：The Island, its People and Missions*，二〇〇七年重譯為《福爾摩沙紀事：馬偕臺灣回憶錄》）。全書計分為三十六章，係以其簡短筆記、觀察心得、日記及報告的摘述、科學方面的研究、斷簡殘篇及人物的描述等整輯而成，除了向西方英語世界的讀者介紹臺灣的地理與歷史、社會及其傳教活動外，也對臺灣的地質、動植物，以及漢人、生蕃、平埔蕃等族群作了簡要介紹，[17] 內容豐富多元，顯示他對臺灣的認識頗為廣博而確實。

馬偕在臺傳教，經常以大自然為教室，透過登山、旅行的方式來教導學生有關創造主信仰與大地生態之關係，內容從神學、天文、地理、地質，到動物、植物、礦物等，可見他是個相當博學的人。在回憶錄第六章「地質」中，他簡述臺灣山和平原的形成、沈積物及其內容，以及改變島嶼地形的一些影響因素等，並開宗明義地指出：

臺灣的自然博物史至今尚未被記載於書本，甚至最權威的記述，其所提供的資訊也是極貧乏而不可靠。任何所謂是中國科學的東西，都是只憑經驗而來，因此必須再加以過濾。外國科學家則很少對臺灣做過調查。然而臺灣博物史是個很重要的主題，不可忽視。因此，我每次出去旅行、設立教會，或者探索荒野地區時，都會攜帶我的地質槌、扁鑽、透鏡，並幾乎每次都帶回一些寶貴的東西，存放在淡水的博物館。我曾經試著訓練我的學生，用眼明察，用心思索，以了解自然界蘊藏在海裡、叢林裡、峽谷中的偉大訊息。……[18]

在馬偕博士之前，已有若干關於臺灣地質、礦產的報告，不過那些報告顯然只是為專門研究者及產業開發者等提供資料。一般人可以接觸到的臺灣相關書籍中，很少見到自然科學方面的紀錄。他對此深感遺憾，為了拾遺補缺，才著手進行自然現象觀察記錄。他奔波於傳道之際，經常隨身攜帶鎚子、鏨子、放大鏡等工具收集資料，一步一腳印地記錄下臺灣地質史的點點滴滴，再帶回他在淡水的陳列室保存。在他所攜帶的工具之中雖然有傾斜儀，但他實際上似乎並沒有使用。使用鏨子和放大鏡本不該忘

[17] Mackay, George Leslie（馬偕）著，J. A. Macdonald（麥唐納）編，林耀南譯，《臺灣遙寄》，臺灣叢書譯文本第 5 種（臺北：臺灣省文獻委員會，1959 年）。

[18] 馬偕原著，林晚生譯，《福爾摩沙紀事：馬偕臺灣回憶錄》（臺北：前衛出版社，2007 年），頁 39。

了傾斜儀的，而且他的記事中完全沒有提到地層的走向傾斜等事。也就是說，馬偕博士關心的事大概是蒐集材料，這是在沒有受過專門訓練的博物學愛好者身上極常見到的狀況。不僅如此，馬偕博士的自然研究還有一個更重要的目的，就是要讓學生真正了解大自然，藉此進一步領悟神的存在。

馬偕博士在地質學、礦物學上的記事，在《臺灣遙寄——島嶼、住民與傳道》一書中首先提到臺灣及附近的大沉降（A great subsidence）。臺灣原為大陸島嶼，因為地史上第三紀的沉降運動而與中國大陸分隔。此沉降運動也發生在中國沿岸一帶，從堪察加半島（Kamchatka Peninsula）的南端開始，接著千島群島（Kuril Islands）、日本、琉球、菲律賓、婆羅洲、爪哇及蘇門答臘（Sumatra），形成亞洲大陸的東邊界限，而臺灣則居於此一環線的中央位置。鄂霍次克海、日本海、黃海、中國海及臺灣海峽，它們淹蓋著陷於底下的陸地。在地質史上，臺灣島嶼曾有半陷和全陷的時期。在全陷的時期，島嶼陷於至少一百尋（fathoms）底下的海面，在這時期，建立在地面上的珊瑚層，高度相當可觀。然後突然隆起，大型的火山爆發，釋放出地層內部強烈的能量，火成岩被往上推出海面一千五百呎，

⓳ 馬偕原著，林晚生譯，《福爾摩沙紀事：馬偕臺灣回憶錄》（臺北：前衛出版社，2007 年），頁 39-40。按明治時期公定度量衡制，一尋 =6 尺 = 約今 1.8 公尺。百尋 = 約今 180 公尺。千尋 = 約今 1,800 公尺。20 世紀中葉之前的科學家還沒有

臺灣又重見天日。珊瑚被推到山頂上，證明了史前時期島嶼地質的騷動和變化。[19]

接著，馬偕博士分別說明臺灣的岩石、煤礦、石油、瓦斯、鹽、硫磺、鐵、金礦等資源之地質及開採情況。其中，關於煤礦之說明指出：

島嶼三分之二的地區都蘊藏豐富的煤礦，從北到南的地層，很可能在不同的深度地方，都有煤礦。最有名的煤礦是在雞籠的八堵。這裡的煤礦全是煙煤，並且因受到地層的推擠和壓縮而排列秩序甚為混亂。在煤層分布的地方，有很多斷層和裂縫，減少了開採的價值。由政府雇用的歐洲人，以掘豎坑的方式開採，但是因為必須做太多爆破及切割砂岩的工作，因此開採煤礦一直無法成為有利潤的事業。本地人從山坡邊緣露出地面的煤礦開始開採，然後隨著煤層，沿坡而下。他們用鋤頭及小鏟子把煤挖出來。在新店教會的對面，有一個二呎厚的煤層，差不多垂直的傾斜著，兩旁由混亂的砂岩夾著。西側坡地上的砂岩層裡有一些褐煤。[20]

認識到全球海平面會發生上升或下降的現象，所以會以陸地擡升或沈陷（地殼構造作用）來解釋所見到的現象，例如在陸地上發現海洋的生物化石時，就認為是陸地擡升造成的，或以《聖經》的大洪水來解釋。但是，現今的科學認知已經很清楚，全球海面會產生上下巨大的變動，臺灣海峽或東亞與南亞的大陸棚，就是在冰河期之後，氣候暖化造成極區或高山冰川融化，使海平面上升形成的。

[20] 馬偕原著，林晚生譯，《福爾摩沙紀事：馬偕臺灣回憶錄》（臺北：前衛出版社，2007 年），頁 41。

馬偕博士所繪製的臺灣北部地質圖，正可與前述德國人克萊因瓦奇特在〈福爾摩沙的地質研究〉一文中所附的臺灣南部地質圖相對照，意義尤其深遠。

又，馬偕博士對於地殼變動的觀察也值得注意和佩服。臺灣位於環太平洋地震帶上，受到板塊擠壓作用的影響導致地震頻繁。地震引致之大規模破壞，是所有自然災害中最具毀滅性的災害類型。對此，馬偕也有生動的描述，他指出：

> （臺灣）島嶼經常有地震，並造成巨大的損失。一八九一年，一日之中發生了四次地震，一個月之後，又有兩次。幾年前，雞籠地方隆隆發聲，港水倒退，大魚小魚在泥巴裡和低窪的水窟中翻滾。婦女和小孩們趁機趕緊抓魚。岸上的人向他們急聲呼叫，警告他們海水會再回來。海水果真回來了，洶湧如一群戰馬，越過原來的潮水界線，沖毀了沿岸所有低地的建築物。這個海浪的故事成為歷史中最悲慘的傳說之一。不久之前，金包里有一次地震，稻田突然下陷三尺，硫磺水湧出，至今還淹蓋著這個地方。……[21]

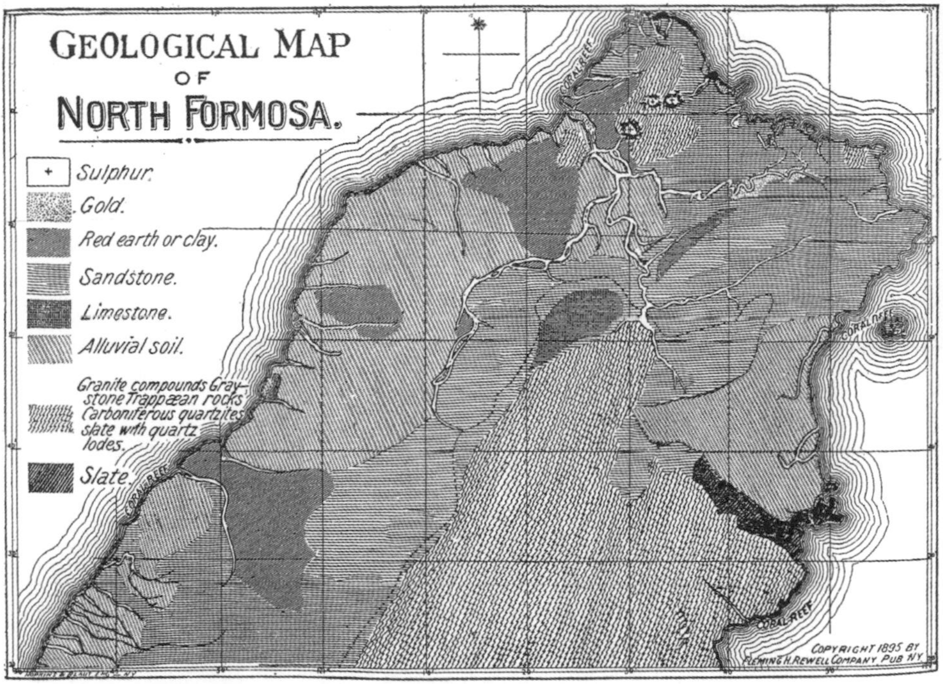

臺灣北部地質圖

由上而下是 1. 硫磺、2. 金、3. 紅土或黏土、4. 砂岩、5. 石灰岩、6. 沖積土、7. 花崗岩混合物、灰色火山岩、斷岩石、含碳石英岩、板岩及石英礦脈、8. 粘板岩。

資料來源：©Mackay, George Leslie（馬偕）著，J. A. Macdonald（麥唐納）編，林耀南譯，《臺灣遙寄》，臺灣叢書譯文本第 5 種（臺北：臺灣省文獻委員會，1959 年）。

㉑ 馬偕原著，林晚生譯，《福爾摩沙紀事：馬偕臺灣回憶錄》（臺北：前衛出版社，2007 年），頁 43。

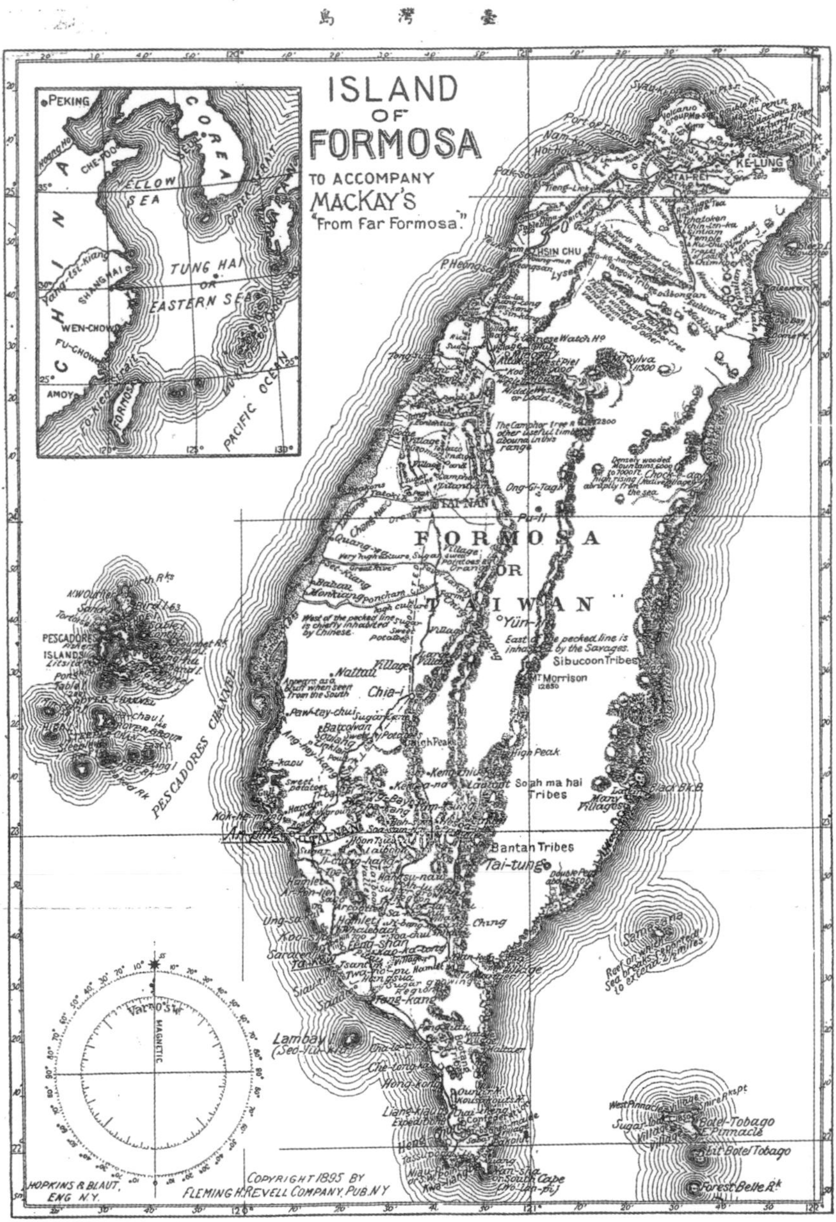

臺灣島全圖

資料來源：Mackay, George Leslie（馬偕）著，J. A. Macdonald（麥唐納）編，林耀南譯，《臺灣遙寄》，臺灣叢書譯文本第5種（臺北：臺灣省文獻委員會，1959年）。

對於地質作用的強大威力，頗令馬偕驚嘆不已，並將之歸諸於造物主的大能。他指出：

多麼龐大的改變！多麼無法拒抗的力量啊！大氣層、有機物、水、化學、火山，各種因素不斷的活動，把山脈降低，把海升高，使自然界變貌。但要記住：他們雖是盲目而強大的力量，但都在神的控制之下。神把祂的房間的棟梁安置在水裡，雲是祂的馬車，火焰是祂的傳教師；祂藉風的翅膀行走，祂奠定了大地的地基，而這個地基將永遠不會毀滅。雖然大地在變，雖然山脈被帶進海裡，我們並不害怕。永恆的神是我們的避難所，在祂之下會得到永久的庇護。我活著的每一天都要對神唱歌：我存在的每一時刻都要讚頌我的上帝！[22]

早坂一郎對於馬偕博士在蒙昧未開的時代來到瘴癘肆虐的蕃境散播神的福音，將半生奉獻給臺灣，令他讚嘆不已。早坂教授為一虔誠的基督徒，一九三二年適逢馬偕抵達淡水六十週年，應淡水中學教師鈴木勇之邀，撰述〈馬偕博士及其臺灣地質鑛物資料〉（〈マッカイ博士とその臺灣地質

[22] 馬偕原著，林晚生譯，《福爾摩沙紀事：馬偕臺灣回憶錄》（臺北：前衛出版社，2007 年），頁 43。

鑛物資料〉）一文，以地質學的觀點來介紹馬偕博士，並延伸說明必要的地質學知識，以及早坂教授對臺灣地質學資料的現代知識。他指出：「他（馬偕博士）為了宣教東奔西走之餘，也經常不懈地觀察臺灣的自然人文。當然，從半個多世紀後的今天來看，這些觀察不甚充分，其解釋也極為幼稚。不過，即使在今日，我認識的一般人也少有像馬偕博士這樣進行觀察和採集的，更遑論是半世紀之前呢。」對於《臺灣遙寄——島嶼、住民與傳道》一書的第五章至第九章中，約有五十頁關於地理、歷史、地質、植物、動物、人種等的內容，早坂教授也評論指出：

> 《臺灣遙寄——島嶼、住民與傳道》一書中也有關於植物（第七章）和動物（第八章）的記事，但幾乎可說不過是目錄而已，也少有如第六章「地質」的地質學現象記事中所見的感動之語。其中應該有種種理由。提到地震、河山的氾濫、劇烈的搬運作用、侵蝕海岸岩壁的波浪等，其驚奇想必能讓有心人留下強烈的印象。尤其對於馬偕博士這樣對《創世記》中記載的創造天地、諾亞大洪水等意義深遠、帶有教訓的傳說深感興趣的人而言，地質學上的自然現象必定是莊嚴宏大，令人敬畏的。……馬偕博士

關於臺灣地質的記事，充滿著對創造宇宙萬有、支配賦予一切的天父虔誠的告白，以及發自內心的信任和感謝。優美的文字，帶有令讀者不禁肅然起敬的訓誡。[23]

最後，早坂教授也和馬偕博士一樣，以讚嘆天主作結，他指出：「縱使土地變換，縱使山巒淹為滄海，我們也毫不畏懼。無論何處都有神為我們而設的避難所，祂將以雙手擁抱我們。我們將奉獻此生讚美主。」

[23] 早坂一郎，〈マッカイ博士とその臺灣地質鑛物資料〉，收入齋藤勇編，《マッカイ博士の業績》（臺北：淡水學園，1939 年），頁 2-28。

[第二部]

學術探險與殖產興業

——日治前期的地質調查研究

一八九五年日本領有臺灣後，有鑑於臺灣之自然、人文亟待徹底調查，曾先後派遣學者專家來臺，投入「學術探險」工作。而以國家經營為目的的殖產興業調查，幾乎同步進行。短短數年間，幾乎踏遍全臺及離島各地，留下為數可觀的調查報告和研究成果，不但對臺灣地質地理知識有了飛躍性的提升，更是總督府政策的重要參考。

一、啟程——學術探險的腳步

十九世紀末，隨著日本領有臺灣，一波波的日籍學者紛紛來臺，拉開一篇地質研究的新頁。其中以小藤文次郎、山崎直方之踏查、研究成績最著，茲分述如下。

（一）小藤文次郎（1856-1935）：日本地質學之父

一八九六年十月底，東京帝國大學地質學教授小藤文次郎率同理科大學助手牧野富太郎、大學院（研究所）學生山崎直方等來臺調查地質和植物等。❶小藤文次郎，為日本地質學家，一八七七年進入東京大學理學部地質及採鑛冶金學科（一八八〇年分為地質學科、採鑛冶金學科），為該學科第一屆學生，當時的地質學教師是德國地質學家瑙曼（Heinrich Edmund Naumann, 1854-1927）。

小藤文次郎（1856-1935）

圖片來源：©Ogawa Kazumasa, Public domain, via Wikimedia Commons

❶〈小藤大學教授〉，《臺灣日日新報》，1896 年 10 月 24 日，第 2 版。

一八七九年畢業後，先任地質調查所所員，進行石川縣手取川沿岸的地質調查。一八八〇年十月獲文部省選送赴德國留學，先後在萊比錫大學（University Leipzig）、慕尼黑大學（University of Munich）深造。一八八四年四月返國後，獲聘為東京大學講師，翌年升任教授，講授岩石學及理論地質學。一八八八年六月取得理學博士學位。一八九三年五月與其學生山崎直方、佐藤傳藏、石井八萬次郎等創立東京地質學會（今日本地質學會），並發行《地質學雜誌》。一八九九年，被選為東京學士會員。一九二一年退休後，獲聘為東京帝國大學名譽教授。❷

小藤教授以濃尾地震和櫻島噴火研究、日本火山地質學總論，以及日本列島的地體構造論等研究聞名於世。一八九一年十月日本濃尾地方發生強烈地震，造成嚴重破壞與傷亡，小藤教授詳細地研究根尾谷斷層地表破裂現象後，於一八九三年在《日本帝國大學理科大學學報》（*Journal of the College of Science, Imperial University, Japan*）發表〈論日本中部大地震的成因〉（On the Cause of the Great Earthquake in Central Japan, 1891）一文，介紹地震與斷層的關係，進而提出現代斷層（斷裂）地震理論。著有《地球発育史》、《地理學教科書》、《日本の火山》等書，獲譽為日本「地

❷ 今井功，〈地質調查事業の先覺者たち（7）小藤文次郎〉，《地質ニュース》，東京，第 135 期（1965 年 11 月），頁 13-23；矢島道子，〈小藤文次郎—日本の地質學 · 岩石學の父〉，《地球科學》，東京，第 61 卷第 2 號（2007 年），頁 155-159。小藤文次郎的弟子幾乎含括當時主要的地質學者，諸如小川琢治、山

質學・岩石學之父」。另，玄武岩（basalt）係火山岩的一種，其名稱為小藤文次郎於一八八四年所命名，他將這類岩石以日本著名的產地兵庫縣豐岡市附近的玄武洞來命名，臺灣亦沿用之，主要分布在澎湖群島（花嶼除外）。❸

一八九六年十月底，小藤文次郎教授率同助手、學生山崎直方來臺進行地質勘察，於一八九七年一月在東港客棧巧遇在臺灣南部進行原住民族調查的森丑之助（1877-1926），在異鄉共度新春佳節。❹山崎直方（1870-1929）返回日本後，曾在《地質學雜誌》發表〈臺灣探險餘談〉一文，敘述其踏查基隆、臺北、新竹、苗栗、臺中、南投、雲林、臺南、打狗、鳳山、恆春、臺東、花蓮港等地的地理、地質概況。❺其中，對南臺灣的打狗港有詳細的描述，並認為亟須克服水道狹窄、潟湖水淺的問題，其指出：

> 地學者對打狗港附近頗感興趣。打狗港係臺灣西南部之良港，自打狗山向南延伸，有稍低的橢圓形小山（ellipse hill），隔著狹窄水道，屹立著凸角。由山麓向西南延伸至大林蒲約十二公里，為一道連綿不絕的沙嘴，其最高不超過二十公尺，最寬處約為

崎直方、佐藤傳藏、石井八萬次郎、矢部長克、神津俶祐、加藤武夫、坪井誠太郎等。

❸ 小藤文次郎，〈臺灣外島地質〉，《日本東京帝國大學理學部紀要》，東京，第 13 卷第 1 期（1900 年），頁 1-45。

❹ 森丑之助，〈生蕃行腳〉，《台湾時報》，臺北，1924 年，頁 112。後來山崎直方和森丑之助成為知遇之交。20 多年後，森還到東京帝國大學地理學教室拜訪山崎。當時，他一邊翻看山崎在東港過臺灣新年時所作的素描，一邊和他縱談古今。

❺ 山崎直方，〈臺灣探險餘談〉，《地質學雜誌》，東京，第 4 卷第 41-43 號（1897 年 2-4 月），頁 190-194、230-236、262-265。

三百公尺，最窄處約一公尺，而分隔出外海和內海（潟湖）。……。打狗港在此潟湖之北方，在凸角（旗後山腳下）與猴山之間，以寬僅約一百公尺的狹窄水道，連接潟湖和外洋。由於潟潮水淺，通常只有戎克船和小型輪船可通過水道，進入港內停泊，軍艦、輪船均在港外投錨。港內常停泊數十艘中國式商船。❻

接著，他經鳳山、恆春、臺東到花蓮港，因搭乘的汽船勝山丸遇到暴風雨，被困在花蓮港將近兩週，而後終於北行往基隆而去。途經蘇澳港，對其地形環境也有所觀察指出：

花蓮港以北的海岸比以南的海岸更為險峻，一千公尺以上的山岳陡直而下，其山腳為絕壁，聳立在濤濤白浪之中。蘇澳港在花蓮港北方，汽船航程約四小時之地，海岸線曲折多彎，可停泊數艘汽船，為臺灣首屈一指的良港，聽說有計畫要在此建立某要港，但其灣口為岩礁構成，難以抵禦東風，是此港的一個小缺點。❼

❻ 山崎直方，〈臺灣探險餘談〉，《地質學雜誌》，第 4 卷第 42 號（1897 年 3 月），頁 230-231。

❼ 山崎直方，〈臺灣探險餘談（前號の續）〉，《地質學雜誌》，第 4 卷第 43 號（1897 年 4 月），頁 262。

其後，他經基隆再入臺北。當時臺北正值黑死病大流行，幸好惡疫很快平息，❽小藤文次郎博士因前往宜蘭地區巡查未回，山崎遂在臺北附近進行調查。首先去大屯火山群，當時正值臺北北部連綿大雨，陰雨霏霏，群山籠罩在雲霧之中，無法隨意探查，頗感遺憾。好在其後放晴了半天，讓他得以略知其梗概。他提到：

如果站在臺北城郊外向東北方的山岳望去，可以看到如許多書冊傾倒下來一樣的第三紀層的丘陵起伏。再向北有數座山峰巍然聳立，形狀略呈圓錐形，一望可知這裡有火山存在，這就是大屯火山群。西方的最高峰為七星墩山，又稱波羅密山，與東方的大屯火山之間還有一座無名山，當地人將之視為大屯山的一部分，亦稱之為大屯山，但其實此山也是一座火山。七星墩山北方又是一座整然優美的圓錐山，因其形而得名紗帽山。

❽ 1896 年 5 月，臺南安平、臺南街市首先發現鼠疫患者，不久臺北市街也發現日人鼠疫患者，至 10 月患者已達 500 餘名，且死亡率高達 80-90%，令日人驚恐不已。經調查發現鼠疫是由來自中國廈門的船舶傳入，最初在臺人社會流行而後傳染日人。對此，臺灣總督府苦無預防良策，遂議請拓殖務大臣派專家來臺調查研究。是年 12 月初，東京帝國大學衛生學講座教授緒方正規、病理學講座助教授山極勝三郎奉派來臺調查，經斃鼠及相關動物實驗確定，鼠與人罹患相同之病，以附著於鼠身上帶有病毒的跳蚤為媒介，將病毒傳播給人。此時臺北鼠疫流行已平息。惟往後數年，鼠疫幾乎年年發生，是法定傳染病中死亡人數最多的一種，迄 1917 年才完全消滅。「安平及打狗地方ペスト病景況」（1896 年 4 月 17 日），〈明治 29 年 15 年保存第六卷〉，《臺灣總督府檔案》，國史館臺灣文獻館，典藏號：00004503008；〈黑死病益益蔓延〉，《臺灣新報》，1896 年 11 月 3 日。

從臺北城承恩門（北門）出發向田園而行，渡過劍潭的渡口，經八芝蘭往淡水街道方向約二里半即為北投的溫泉。這裡同樣位於大屯山北麓，溫泉水從第三紀層與火山岩地的邊界湧出，是溫泉沿著地裂線溢出的一個很好的例子。溫泉形成沼澤，湧出的硫磺泉末流形成溪流，有許多浴客在溪中泡溫泉。溫泉以東約十町許有大型硫汽洞，隔一座小山脊與紗帽山西麓的硫汽洞相連，連綿廣袤，其間有幾處水蒸汽混合硫質的瓦斯猛烈噴出，產出的硫黃也不少，設有簡易的製煉所。無名山、七星墩山之間的鞍狀谷有通往金包里（金山）的小徑，沿著此谷前進，沿途可見從七星墩山流出的熔岩厚層形成的絕壁；構成七星墩山的岩石全是角閃富士岩，其石肌、石質酷似越後妙高山⑨火山口丘的岩石；大屯山、無名山的岩石皆為普通輝石富士岩。站在金包里嶺頂放眼望去，七星墩山的北方海岸方向又是一座圓錐山，名為ユカン山（小油坑）。

七星墩山周圍有許多硫汽洞，其西腹有アウソアン的大磺坑、キンヤクヤウ的硫汽洞，西方山頂略下之處也有硫煙噴出，

與東南麓紗帽山之間亦有硫礦產出，往北方金包里方向有硫礦泉噴出之處，晴天時從山麓望去，七星墩山山頂為嵯峨的岩丘相擁，可見中央噴火口的痕跡，以及四處昇起的硫煙白縷，大屯山的噴火口痕跡亦較西方分明。

從臺北順著淡水河而下抵達淡水港，可以望見右側巍峨的大屯山以及左側峙立的觀音山。觀音山亦為一座休火山，由輝石富士岩構成，久經風雨侵蝕後，形成了今日火山口的痕跡，站在山頂上，可看到西方一帶紅土臺地的側面。

臺北附近東起基隆、西至桃仔園（桃園）之間有許多第三紀丘陵的中石炭層，但不甚豐富，此丘陵中同樣甚多第三紀的石灰岩，含有扇貝化石，桃仔園附近的龜崙山（龜山）常有露出。[10]

隨著臺灣「學術探險」告一段落，三月十日山崎直方將從基隆離開前，通信部的平野大尉為他駕駛小汽艇繞行基隆港灣，山崎指出：「港內イメージ角旁有一個大洞窟，洞口高約五米，深處則高達百米，類似相模江之

[9] 越後妙高山（Myoko-San）是一座跨越新潟縣西南部妙高市、標高 2,454 公尺的複式火山，是日本百大名山之一。因與富士山同屬圓錐形火山，又有「越後富士」之稱。1896 年山崎直方接受日本震災豫防調查會之委託，進行妙高火山之調查，並將調查研究結果撰成〈日本海岸の大火山妙高山に就きて〉一文，發表於《地質學雜誌》第 3 卷第 33、34 號（1896 年 6、7 月），頁 253-263、299-310。

[10] 山崎直方，〈臺灣探險餘談（前號の續）〉，《地質學雜誌》，第 4 卷第 43 號（1897 年 4 月），頁 262-264。

島[11]的人穴。這是受波浪侵蝕而形成，洞口也有珊瑚礁。乘艇至港外，西樓島東岸的砂岩經過大浪沖蝕，形成了許多石柱，蔚為奇觀。」並認為臺灣北端山岳臨海的風景彷彿伊豆半島。由於小藤博士已經完成室蘭地方[12]的探險返回東京，山崎遂獨自搭乘福岡丸由基隆出發返回日本。[13]

山崎也彙整此次學術探險的心得供後來者參考，共計九項：

1、住宿問題：臺灣主要的車站都有內地人開的簡陋旅店，荒僻之地只能借宿臺灣人住家或蕃屋，因此務必攜帶毛毯及食物；

2、標本託運：旅途中常找不到託運的地方，只能帶在身上，直到有郵局；

3、行李：比內地帶的要更多，處理更費事。市街上苦力容易尋得，但與之約定時間難。越荒僻之地苦力越少，尤其不願沿著蕃界行進，得出更多佣金；

4、道路狀況：主要為軍用道路。臺中、臺南等平原，平坦如日本國道，其他道路都是田間小徑，山路十分崎嶇急峻。河流少見橋梁，得涉水，過河須多方嘗試，水深大致及膝，深山茅草茂密，高度約身高兩倍以上；

[11] 江之島位在片瀨川流入相模灣的出海口，由 600 公尺長的江之島大橋連接湘南地區。島上的人穴是受波浪侵蝕而形成的天然洞穴，洞口也有珊瑚礁。

[12] 室蘭為北海道西南部沿海的城市，位於繪鞆半島，其東、西、南三面環太平洋，具有天然良港的環境。1872 年室蘭港開

5、山區狀況：老樹纏繞，古藤蔓草、蘭科、羊齒科植物叢生，到處有藺草與藤，是生蕃重要的交易品，森林只有蕃人能自由出入；

6、風土病：是臺灣旅行最可怕的事，最有名的風土病是瘧疾，瘧原蟲透過水而侵入人體，因此生水和未經煮熟的食物皆不可入口。另外，山中溫差極大，加上旅程疲累，都是導致罹患瘧疾的原因；

7、氣候：以秋天最適宜，不會有連日大雨，也沒有酷暑；十一、十二月在臺中、臺南平原只需穿著夏服與襯衣，山道邊樹下有茶亭、涼棚；

8、鞋子：旅行者最重要的武器是草鞋，堅固又合腳，十分耐用；

9、語言：有志踏查的人最大的問題就是語言，只會簡單的會話、少許單字，在詢問地名與行程時十分不便。北臺灣用廈門方言，南方則用廣東方言。若要進行較複雜的問答，建議用筆談。⓮

港，1891 年大黑島燈塔啟用，1892 年室蘭與岩見澤之間的煤礦鐵路開通，當地的鋼鐵、造船、煉油等工業發達，是北海道具代表性的重工業都市。

⓭ 山崎直方，〈臺灣探險餘談（前號の續）〉，《地質學雜誌》，第 4 卷第 43 號（1897 年 4 月），頁 264。

⓮ 山崎直方，〈臺灣探險餘談〉，《地質學雜誌》，第 4 卷第 41 號（1897 年 2 月），頁 191-193。

一八九九年，小藤文次郎與德永重康⓯採集北臺灣地層所產的化石，送交英國學者牛頓（R. Bullen Newton）和何蘭德（Richard Holland）研究，於一九〇〇年發表石灰岩中顯微玻片之化石鑑定，辨識出有孔蟲屬種包括*Lepidocyclina verbeeki*、*Gypsina*、*Miliolina*、*Pulvinulina*、*Globigerina*等，為臺灣微化石研究最早見諸文獻者。⓰

（二）山崎直方（1870-1929）：日本近代地理學之父

日後，山崎直方也成為東京帝國大學教授、地理學家。山崎於一八九五年自東京帝國大學理科大學地質學科畢業後，旋進入大學院，隨小藤文次郎教授學習。一八九七年任第二高等學校（今東北大學）地質學教師。一八九八年赴德、奧留學。一九〇二年返國後，任東京高等師範學校（今筑波大學）教師。一九一一年任東京帝國大學理科大學教授，專攻地貌學，尤其是冰川地貌、火山地貌和構造地貌，於一九〇二年發表〈日本確實存在冰川〉（〈氷河果して本邦に存

⓯ 德永重康（1874-1940），日本地質學者、古生物學者。1897 年東京帝國大學理科大學動物學科畢業後，旋進入大學院深造，師事小藤文一郎、橫山又次郎、神保小虎。1898-1899 年間，進行琉球列島與臺灣北部的地質調查，成果發表在《東京帝國大學紀要》第 15 卷第 2 號。1902 年取得理學博士學位。其後，歷任東京工科大學教授、校長、早稻田大學理工學部教授、早稻田高等工學校校長、東京帝國大學講師等職，亦曾任日本古生物學會會長、日本地質學會會長。德永

在せざりしか〉）一文，[17]為日本的冰川地貌研究奠定重要的基礎。一九一三年獲得理學博士學位。一九一九年擔任地學部主任。一九二五年創建日本地理學會，擔任學會主席並創辦《地理學評論》雜誌。除了研究論述外，山崎也積極推介西方重要的地質學者之學說著作，包括美國著名的地形學家戴維斯（William Morris Davis, 1850-1934）的「侵蝕循環（cycle of erosion）」理論、德國地質學家韋格納（Alfred Lothar Wegener, 1880-1930）於一九一二年提出的「大陸漂移（Continental Drift）」學說，以及一九一五年將美國地理學家杭廷頓（Ellsworth Huntington, 1876-1947）的代表作《文明與氣候》（*Civilization and Climate*）一書介紹到日本，可說是日本近代地理學的功臣，獲譽為「日本近代地理學之父」。[18]

重元，〈德永重康小伝〉，《地學雜誌》，第 94 卷第 3 期（1985 年），頁 54-56。

[16] 〈臺灣的微化石〉，《開放博物館》，網址：https://web3.nmns.edu.tw/Exhibits/109/Microfossils/in-3.html（2023 年 5 月 19 日點閱）。

[17] 山崎直方，〈氷河果して本邦に存在せざりしか〉，《地質学雑誌》，第 9 卷第 109、110 號（1902 年），頁 361-369、390-398。

[18] 山崎直方著述頗豐，死後相關著作合訂出版《山崎直方論文集》一書，內容涵蓋其對火山地形、地質、岩石、礦物及冰河地形的研究成果，對於地形學、人文地理學的發展頗具貢獻。〈新刊紹介〉，《臺灣教育》，第 344 期（1931 年 3 月），頁 143；吉川虎雄，〈山崎直方先生と変動地形の研究〉，《地理学評論》，第 44 卷第 8 號（1971 年），頁 552-564；中村和郎，〈山崎直方〉，《地理学への招待》（東京：古今書院，1988 年）。

(三)橫山又次郎(1860-1942):日本地質學家

一八九七年十月,東京帝國大學又派遣理科大學教授橫山又次郎、助手大渡忠太郎、大西梅三郎等三人來臺勘查地質和植物等。[19]橫山又次郎,為日本地質、古生物學家。東京大學理學部地質學科畢業後,曾任職農商務省地質調查研究所。一八八六年赴德國留學,專攻古生物學。一八八九年返國後,獲聘任東京大學理科大學教授,講授古生物學。一八九一年取得博士學位。一九〇八年奉派赴歐美各國研究地質學。他除了以日本人身分發表第一篇化石論文外,還創建了古生物學分類名稱和術語的日語翻譯,著有《地球之過去及未来》、《生物の過去と未来》、《古生物学》、《地史学講話》、《古生物學綱要》等書。[20]高雄甲仙的大滿月蛤化石——巨帶蛤(學名 *Loripes goliath Yokoyama*)[21],為一九二八年由橫山又次郎所命名。

由上顯示,日人對臺灣地質探勘的高度興趣,並指派學者專家來臺進行研究調查。這些調查研究成果,也成為總督府當局制定殖民政策和推動各項施政的重要參考。

巨帶蛤

巨帶蛤之特徵為殼體近似圓形，殼厚，大型；兩殼很膨脹，殼長略大於殼高，左右殼相等，前後略不等邊；殼頂不甚突出，殼喙指向殼體前方，小月面與楯紋面顯著；外套線顯著，無外套灣；前、後閉殼肌不相等，前閉殼肌痕長形，後閉殼肌痕短圓狀；保存良好的內模化石表面，有呈放散狀排列的瘮孔，以及波狀起伏的同心肋、紋；在少數仍保存殼體的大型標本，殼表可見粗細不同的同心狀生長線，放散細肋清晰但較不凸顯。

資料來源：國立自然科學博物館網站
圖片來源：謝伯娟，甲仙・化石粉絲專頁

⑲ 「大渡忠太郎森林植物標本採集及藥用植物調查事務ヲ囑託ス」（1897 年 12 月 10 日），〈明治三十年乙種永久保存進退追加第九卷乙〉，《臺灣總督府檔案》，國史館臺灣文獻館，典藏號：00000236061。

⑳ 人事興信所編，《人事興信録》（東京：人事興信所，1925 年第 7 版）。

㉑ 〈典藏標本－巨帶蛤〉，《國立自然科學博物館》，網址：http://digimuse.nmns.edu.tw/Demo_2011/showMetadata.aspx?ObjectId=09000018005b583&TypeKind=suMeta&Type=invertebrates&Part=2-2&Domain=gg&Field=fi&Language=CHI，瀏覽日期：2022 年 10 月 21 日。

二、層層沉積——作為統治基礎的殖產興業鑛物調查

臺灣總督府為開發臺灣的經濟利源，將地質鑛產調查列為當務之急，宜及早調查其地質，以作為殖產興業、富國強兵之基礎。㉒期間，先後有石井八萬次郎、井上禧之助、齋藤讓、出口雄三等人就臺灣全島及離島地區之地質進行踏查研究，留下相當豐富的調查報告，裨益地質學研究甚多。

(一)石井八萬次郎(1867-1932)：第一位繪製臺灣地質圖的地質掛長

一八九五年五月臺灣割讓後，總督府於民政局內設置殖產部，負責臺灣產業的調查與開發，其中也包括地質鑛產相關的調查，可說是本島地質調查之始。當時的調查員是雇員橫山壯次郎，受命調查臺灣北部的礦業。㉓同年十二月，殖產部增設鑛物掛(相當於「課」)，掌理臺灣礦業相關之事務。㉔一八九六年四月民政局改制，鑛務掛改為課，下設常務、鑛務、地質、分析等四掛，㉕由總督府技師石井八萬次郎兼任地質掛掛長。

㉒〈雜報：臺灣島の地質調查は目今の急務なり〉，《地學雜誌》，第7卷第78期(1895年6月)，頁334。

㉓橫山壯次郎，日本鹿兒島人，札幌農學校畢業後，任北海道廳技手，從事礦山地質調查。1895年來臺後，獲聘為總督府殖產部鑛務課技師，負責調查臺灣北部的礦業，於1896年3月完成《臺灣

石井八萬次郎，日本佐賀人，早在一八九五年五月日本領臺不久，即以總督府雇（員）的身分來臺進行地質調查，並與小川啄治合撰〈臺灣島〉一文，刊登在《地質學雜誌》。該文大致綜合了日人領臺前西方人對臺灣的博物學瞭解。其指出，最近關於臺灣的事情引起相當多的關注，但全島未經實地調查之處尚多，書類也不完全，新聞報導中有關全島山系水誌更是眾說紛紜，並指臺灣島的面積已知有三萬五千平方公里，臺灣最長山脈縱向由西南向東北通過全島，是為「脊梁山脈」，沿東海岸則為另一山脈，兩者之間有一深谷為界。德國地質學家李希霍芬認為在北海岸之土沙沈積和西海岸平原均屬隆起地形，東部則為高山地勢急速傾斜入海。全島最高峰為英國人所稱莫里遜山（Mt. Morrison，玉山），夏天尚有積雪，高度達四千公尺以上。北側有西魯維亞山（Mount Sylvia，雪山），高三七六六公尺。北部觀音山隔著淡水河有大屯山脈，是未熄的火山，上有火山口，數十年前仍有硫磺噴出。[26]

一八九五年七月，石井八萬次郎自東京帝國大學地質學科畢業後，旋即獲聘為臺灣總督府技師，繼於一八九六年兼任地質掛掛長，主導臺灣的地質鑛物調查工作。其參考日本國內及北海道的地質調查之例，將調查

產業調查錄》，後轉任農商課技師。〈本島最初の鑛業調查報告（上）〉，《臺灣鑛業會報》，第 121 號（1925 年 6 月），頁 33。

[24] 臺灣總督府民政局編，《臺灣總督府民政事務成績提要》（臺北：臺灣總督府民政局，1897 年 4 月），頁 1-2。

[25] 臺灣總督府民政部文書課編，《臺灣總督府民政事務成績提要 第二編（明治二十九年）》（臺北：臺灣總督府民政部文書課，1898 年 11 月），頁 8。

[26] 石井八萬次郎、小川琢治，〈臺灣島〉，《地質學雜誌》，東京，第 2 卷第 20 號（1895 年 5 月），頁 306-312。

工作分為「豫察調查」、「精察調查」及「特別調查」。「豫察調查」為期三年，調查全島概況，並將結果繪製成四十萬分之一的地質圖；「精察調查」為期五年，較「豫察調查」更為精細，將全島分成十三圖幅，其結果再繪製成二十萬分之一的地質圖；而「特別調查」則以調查特別區域為主，在「豫察調查」、「精察調查」時發現有特別重要之地區，即將其納入「特別調查」之範圍。調查的內容包括鑛業相關、農業相關、土木衛生及其他工業相關，以及地震、海嘯、火山破裂地、地層下陷等地異、地變的成因及結果等。[27] 參與的成員有橫山壯次郎、沖龍雄、石井八萬次郎、坂基、西村三木雄、木村榮之進、永田勇助、成田安輝等，在野外執業的天數一年在一百八十天以內，一年的經費約須兩萬六千圓。

但在臺灣進行地質調查，因為臺灣的風土氣候惡劣，致調查員大多罹病，又因民情不穩、道路不完全、語言不通等，較日本其他地方更加困難。除實地調查取得資料外，另有探檢（險）家所提供有關地形地質等調查上有用的談話、標本及報文等材料也不少，例如民政局技師田代安定提供恆春半島、宜蘭、臺東等地方的岩石標本；帝國大學探檢員多田綱輔提供澎湖島的岩石標本；理科大學教授小藤文次郎、大學院生山崎直方提供臺灣一週巡回中的記事一班等。[28]而各撫墾署亦提供不少有用的報導。不過，即使綜合上述各種材料，臺灣的地質狀況仍大多不明，尤其是西魯維亞山（雪山）東南，以及秀姑巒山及卑南主山的東側，亟應積極蒐羅資料、實地調查，俾盡速完成全島的地質圖。

一八九六年二月，石井與鑛務課同仁川住正德、坂基、西村三木雄前往基隆、瑞芳、金山等地進行地質鑛產調查。石井由基隆途經暖暖，沿基隆河觀察砂金，並轉往上游金礦源頭，依沿途所見撰寫〈基隆川砂金〉、〈臺灣瑞芳金山〉兩文。其中，〈臺灣瑞芳金山〉一文鉅細靡遺地描述九份與金瓜石礦山的地理位置、交通、地形，並分析砂金源頭的礦山於岩石變化與礦物分布，認為金礦成因可能與火成岩有關。同時，石井也根據所見火成岩與沉積岩之關係，推論礦山地質演化的四個階段：第一階段為含化石之第三紀沉積岩受地殼變動產生地層撓曲變形；第二階段為變形的沉積岩地層受火山岩侵入與噴發作用；第三階段為斷層作用，與第四階段為沿著斷層發生金礦的熱反應作用。他發現位於九份的瑞芳金山係發育於第三紀沉積岩內，與金瓜石金礦發育於火成岩中不同。[29]

[27] 「臺北縣管內主要炭山復命書」（1896 年 12 月 01 日），〈明治二十九年十五年保存第十二卷〉，《臺灣總督府檔案》，國史館臺灣文獻館，典藏號：00004509004。

[28] 臺灣總督府民政局殖產課編，《臺灣島地質鑛產圖說明書》（東京：臺灣總督府民政局殖產課，1898 年），頁 1-11。

[29] 「石井八萬次郎瑞芳產金地調查復命書」（1896 年 06 月 01 日），〈明治二十九年十五年保存第十二卷〉，《臺灣總督府檔案》，國史館臺灣文獻館，典藏號：00004509001；石井八萬次郎，〈臺灣瑞芳金山〉，《地質學雜誌》，東京，第 4 卷第 43 號（1897 年 4 月），頁 245-253。

一八九七年總督府因財政困難，撤銷民政局官制，不僅地質調查經費全部廢止，且自一八九八年度起礦政機構隨之縮小，殖產部改為課，鑛物課廢止，其業務改歸殖產課掌理，[30] 技術官員亦相繼離職，以致石井八萬次郎原擬定之調查計畫無法遂行，而石井亦於一八九七年八月因病返回日本。十月二十七日，石井應東京地學協會之邀，發表臺灣北部旅行之演說。十一月份再度來臺，擬調查臺北、臺中、臺南各縣下的地質及鑛物產出概況，俾訂定地質調查的方針。他於十一月三十日下午由臺北出發，途經海山口（新莊）、桃仔園（桃園）、中歷（中壢）、楊梅歷（楊梅）、龜崙嶺（龜山），抵達新竹。

他指出，從臺北平原登上龜崙嶺的路很陡，並向海岸方向緩慢下降，目光所及，高原最高處約五、六百尺，其地質乾燥且混有許多圓形小石子，因曝露在北風之下，極不適合植物生長，以致荒蕪地稍多。從大湖口到新竹一段，逐漸由高原地形下降至原野，新竹平原的南北兩側是高原，中間是一平原，地勢平緩，因水利灌溉便利，適宜農業發展，其土質是砂質粘土。十二月一日從新竹出發到香山，途經中港，經過之處皆為海岸的砂地，這些砂土及粘土適合作為工業材料，砂岩大多用於鋪路等用途。接著，到後壠（後龍）、苗栗大湖，再到罩蘭（卓蘭）、東勢角（東勢）一帶。[31]

十二月十五日，石井進入埔里及附近山地調查，二十七日再赴集集、林圮埔（竹山）、頭社等地勘察。石井指出，從埔里社往東推進，較易接近中央山脊，俾達成接近分水嶺的目的。他根據陸軍參謀本部所提供之濁水溪上游地圖，往北進入埔里社，發現向北流的支流是太魯閣川（霧社溪），另一支流是向東南流的二股川，又分為南溪（丹大溪）、北溪（萬大溪），由此可遠望太魯閣、道澤兩社，並據以推測其位置。其地質為超越第三紀岩層的粘板岩帶。靠近分水嶺附近的塔羅灣溪邊的岩層中有許多溫泉，且處處可見石灰華（Travertine，又稱鈣華，為石灰岩洞穴或溫泉四周的多孔質碳酸鈣沉積物）硅花的沈積。又，離開粘板岩帶，其下層可見在太魯閣社、道澤社旁邊的河裡有許多淡綠色的變質砂岩、太魯閣以東的分水嶺有一淡綠色的岩壁，由此淡綠石可證明其為變質砂岩。[32]

一八九八年一月再由東部沿海岸南下，於二月五日經過太麻里來到巴塱衛（大武）。七日西向入山，到浸水營越過中央山脈南段，一天就抵達西部屏東平原的枋寮，是第一位橫越南部脊梁山脈進行調查的地質工作

[30] 臺灣總督府民政部文書課編，《（明治三十年度分）臺灣總督府民政事務成績提要第三編》（臺北：臺灣總督府民政部文書課，1900 年 11 月），頁 1、128-158。

[31] 吉田弟彥，〈石井理學士臺北臺中臺南各縣下巡遊記〉，《地質學雜誌》，東京，第 5 卷第 50 號（1897 年 11 月），頁 65-70。

[32] 同上，第 5 卷第 56 號（1898 年 5 月），頁 295-299。

者。之後，他沿著西部平原，由東港、鳳山、阿公店（岡山），於二月十三日抵達臺南，接著一路往北，經嘉義、彰化、臺中、苗栗、新竹，於三月二日返抵臺北，前後總計九十三天，行程三八五里。[33]之後，並根據這次的踏查，發表多篇地質調查報告。

一八九七年七月，石井出版了他與鑛務課同仁共同編製的八十萬分之一的《臺灣島地質鑛產圖》，可一目瞭然看出地形、地質構造等要點，是第一幅臺灣全島地質鑛產圖。[34]十一月再出版《臺灣島地質鑛產圖說明書》，全書計一九八頁，分為岩石篇、地質構造篇、鑛產篇，並附有探險旅行家心得、臺灣島全圖、臺灣島內海陸路程表等，將臺灣從南到北，從東到西，第一次在地質地層方面作了系統性的分類，地質構造上也有整體的輪廓，全島的地質圖像逐漸明朗。（按：參見彩色圖版第二、三張）

書中將全島的地層時代由下而上，依岩層性質歸納為六個範疇，分別是片麻岩、結晶片岩、結晶石灰岩系、粘板岩系、第三系和第四系。相應的地層分類，則是片麻岩層、片岩層、石灰岩層、粘板岩層、第三紀層和第四紀層。同時，將岩石分為變成岩（變質岩）、水成岩（沉積岩）及火成岩等三大類，並將臺灣島上的主要岩石分為十種，分別論述其分布及地質時代。地質構造上，對臺灣島的主要地質構造也有了初步的認識，特別是位在中央山脈和臺東海岸山脈之間的花東縱谷斷層，並指出這個斷層的作用力是西側上升、東側下降，升降差由南向北越來越大。而鑛產篇則詳述金、石炭、硫黃、石油天然氣、石灰石、黏土、石材等主要礦產及其位置、成因、品質、含量評估、礦產利用等。[35]上述調查資料，不但有助於總督府的殖民經濟開發，也奠定臺灣島的地質地層調查基礎。

值得一提的是，石井將他跑遍全臺各地進行地質鑛物調查時所遇到的各種狀況彙整成為探險旅行家心得，內容包括踏查路線、自我防衛、食物藥品、苦力雇用、語言、保健，甚至打包行李的方法等，對於地理、地質專業者，乃至一般人在臺灣踏查旅行時，都非常受用。尤其他獨創一種「人數遞減法」來調配隨行人員。他認為旅行人數的精算很重要，十人以上的隊伍協同者會超過二十名，日本人太多會驚動蕃人，進入蕃社尋求食物也有困難，若想備齊所有成員的食物，搬運人力相對增加造成許多不便。最好仔細挑選五名成員，外加三名挑夫，這是一個隊伍人數的上限。

[33] 同上，第 5 卷第 50 號（1897 年 11 月），頁 65-70。

[34] 早坂一郎，〈臺灣地質圖の變遷〉，《臺灣地學記事》，第 1 卷第 3 期（1930 年 7 月 15 日），頁 38-40。

[35] 〈臺灣地質鑛產圖及說明書〉，《臺灣日日新報》，1898 年 5 月 19 日，第 2 版；臺灣總督府民政局殖產課編，《臺灣島地質鑛產圖說明書》（東京：臺灣總督府民政局殖產課，1898 年）。

所謂「人數遞減法」，是一開始先派多人搬運大量物品，包括贈送蕃人的禮物，這樣可以確保回程時不會受到蕃害，之後隨著物品和食物漸減，可陸續讓挑夫回去，最後剩下五、六名繼續前進即可。石井一行人行經丹大山時就採用「人數遞減法」，他與兩名日本挑夫、中國通事一名共四人，一同由埔里社前往臺東，預計行程要十二天，結果抵達臺東時只花了九天，[36] 顯示這種方法非常成功。

另外，石井也提到在新高山（玉山）和西魯維亞山（雪山）的探險路線，都是生蕃的活動範圍，在山區之間移動與蕃社間的路徑最是危險，當進入部落勢力範圍時，免不了受到蕃人的攻擊。當時生蕃分為北蕃和南蕃，在新高山附近的生蕃屬於南蕃，在雪山一帶活動的則是北蕃，石井認為北蕃比南蕃「猛惡剽悍」，因此建議之後想要從事山區探險的人，宜盡量避開蕃人活動的區域，選擇樹叢較矮、雜草遮蔽較少的路線，以免一不留神就被躲在暗處的蕃人狙擊射殺。[37]

[36] 石井八萬次郎，〈探撿旅行家心得〉，收入臺灣總督府民政局殖產課編，《臺灣島地質鑛產圖說明書》（東京：臺灣總督府民政局殖產課，1898 年），頁 180-197。

[37] 石井八萬次郎，〈探撿經路ノ事〉，收入臺灣總督府民政局殖產課編，《臺灣島地質鑛產圖說明書》，頁 177-179。

[38] 「臺北縣管內礦山地質調查技師井上禧之助復命」（1897 年 12 月 17 日），〈明治三十年永久保存追加第九卷〉，《臺灣總督府檔案》，國史館臺灣文獻館，典藏號：00000219012；「淡水水道水源地地質調查技師井上禧之助復命書」

（二）井上禧之助（1873-1947）：橫越中央山脈

其後，井上禧之助、齋藤讓等繼任為總督府殖產課技師，接續進行關廟、蕃薯寮（今高雄旗山）、加納埔（今屏東泰山）、澎湖，以及基隆、瑞芳等地之地質鑛物調查。[38] 一八九七年十二月二十五日，井上與殖產課技手山下律太[39]、富田榮太郎一同由臺北出發，赴基隆、瑞芳地區調查煤礦，由山下負責地形測量，富田負責採集岩石標本，於十二月三十一日經頭圍（今頭城）抵達宜蘭，並在宜蘭迎接新年。之後即前往羅東、蘇澳、新城等地勘查，富田到蘇澳後即返回臺北。

一八九八年一月十五日，井上在花蓮港登陸，發現從奇萊溪口往北連綿半里餘都是砂丘地形，面積甚廣，此處的砂較宜蘭地方的粗粒，大多是石英砂，因近海而被風吹到奇萊溪口附近，形成砂丘。期間，先後視察了加禮宛的砂金地、北七結尾的海岸、七腳川庄等地。二十一日由花

（1898 年 08 月 08 日），〈明治三十一年永久保存追加第十一卷〉，《臺灣總督府檔案》，國史館臺灣文獻館，典藏號：00000325011；「臺北外五地方礦山地質調查技師井上禧之助復命書」（1898 年 10 月 19 日），〈明治三十一年永久保存追加第十四卷〉，《臺灣總督府檔案》，國史館臺灣文獻館，典藏號：00000327001；「金包里及淡水方面鑛產取調技師齋藤讓提出」（1900 年 12 月 01 日），〈明治三十三年十五年保存追加第六卷〉，《臺灣總督府檔案》，國史館臺灣文獻館，典藏號：00004625028；「瑞芳及金瓜石鑛山現況視察技師齋藤讓復命書」（1900 年 04 月 01 日），〈明治三十三年十五年保存追加第七卷〉，《臺灣總督府檔案》，國史館臺灣文獻館，典藏號：00004626001。

[39] 山下律太，日本德島人。1896 年 6 月來臺，之後獲聘為鑛務課技手，從事北部煤田調查，迄 1900 年 7 月辭職。之後留在臺灣枋寮經營炭礦。1925 年以 R 生為筆名，在《臺灣鑛業會報》發表〈臺灣鑛業三十年の回顧〉一文，回顧其 30 年間在臺從事鑛業工作之歷程。山下律太，〈臺灣鑛業三十年の回顧〉，《臺灣鑛業會報》，第 121、122、124 號（1925 年 6-9 月），頁 2-19、2-14、2-18。

蓮港南向到臺東山脈橫越，二十三日抵達太巴塱，之後沿著秀姑巒溪到璞石閣（今花蓮玉里）附近的庄社踏查，然後再順著卑南溪抵達臺東平原，並著手進行知本及太麻里、巴塱衛附近的溫泉調查。其中，利基利基（利基利吉，今利吉村）[40]位在卑南北方二里處，由卑南向北走一里半餘渡過卑南溪即可抵達，因粘土之上覆蓋細砂，頗適合耕作，其右方獨立的丘陵稱作武吉山，係由第三期石灰岩所形成，向南西傾斜四十五度。而鯉魚山位在卑南西側的丘陵，其西面是由礫石形成的絕壁，東面則是沙質巒岩（礫岩），向南西傾斜四十度。二月十五日起，由巴塱衛到八瑤灣、豬勝東社（今屏東滿州）、鵝鑾鼻，於十八日抵達恆春。二十四日從枋寮到東港，一路北上，經由鳳山、打狗，於二十八日抵達臺南。[41]

三月一日起，在臺南周邊的關帝廟（關廟）、蕃薯寮、八張犁、鹽水坑、噍吧哖（玉井）等地調查，尤其針對石油及石油瓦斯產地的楠仔仙溪兩岸，包括獅仔頭（新庄，石油及瓦斯）、南勢溪（枋藔庄，石油及瓦斯）、火山（中庄，瓦斯）、陳保坑（瓦斯）、馬頭山（瓦斯）、苦苓腳（甲仙埔，滾水及瓦斯），以及西邊的班芝花腳（大壚園，瓦斯）等地作實地踏查。其指出，新庄位在山杉林東北方一里處，隔著楠仔仙溪相對，其向東溯小溪半里處有石油湧出，湧出處有二個穴，一個是石油，一

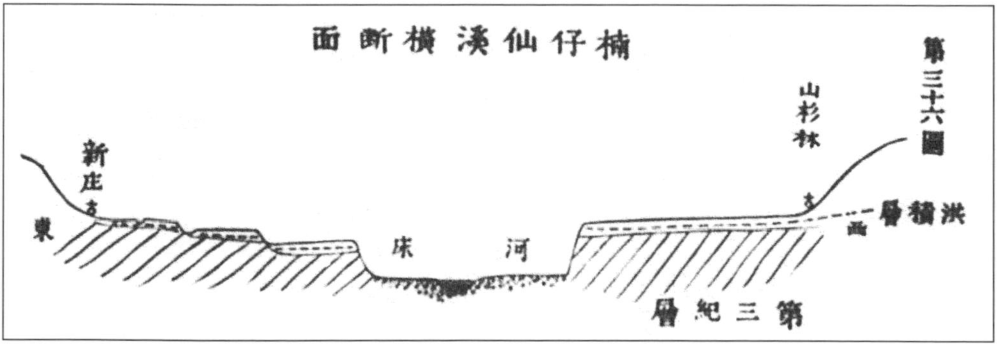

楠仔仙溪橫斷圖

資料來源：臺灣總督府民政部殖產課編，《鑛山地質調查報文》（臺北：臺灣總督府民政部殖產課，1900 年 6 月）。

40 「利基利基」之名是由阿美族 Ligiligi 而來，為阿美族所建部落。利吉村位在卑南鄉東北角，海岸山脈南端之西側山麓，為依山鄰溪的高臺地。居民主要為阿美族原住民，其餘則多為臺灣西部民眾來東部開墾的第一代或第二代移民，多數經營農牧業。村內有聞名國際地質界的利吉混同層（又稱利吉惡地、月世界），也是眺望卑南山礫岩層的最佳景點。行政院農業委員會林務局編，〈利吉惡地地質公園〉。

41 臺灣總督府民政部殖產課編，《鑛山地質調查報文》（臺北：臺灣總督府民政部殖產課，1900 年 6 月），頁 1-55。

枋藔溪支流南勢溪石油地地層圖

資料來源：臺灣總督府民政部殖產課編，《鑛山地質調查報文》（臺北：臺灣總督府民政部殖產課，1900 年 6 月）。

個是瓦斯及石油，點火會燃燒，其下方應有含油層。

山杉林、新庄都比河床高，為第三紀層之上的洪積紀砂礫層，白水泉、中庄仔、官舛埔、匏仔寮庄等也是屬於洪積層，有農業上最必要的肥沃土地。三月八日由噍吧哖到臺南。從噍吧哖到大目降（今新化）間的斷面，可見有許多斷層和褶曲，概呈向東傾斜，係第三紀層的丘陵，屬洪積紀的赤色粘土。九日從臺南到安平。臺南、安平間是除了臺北之外，島內唯一可通行人力車的道路，大約一里的道路兩側即是西海岸鹽田的一部分。至此，對臺南縣下已作了大略的調查。[42]

接著，展開中央山脈橫斷踏查。三月十日井上前往嘉義，與友人陸軍中尉某見面，討論十一日由小澤參謀率兵二十餘名由蕃薯寮跨越中央山脈到卑南，進行道路探檢。而井上禧之助則於十一日從臺南到高雄旗山的蕃薯寮，在當地招募苦力挑夫後，之後從蕃薯寮經阿里港到加蚋埔（今屏東高樹）。十五日，由加蚋埔進入中央山脈橫斷探險，經口社跨越中央山脈分水嶺，走了八天，於二十二日東下，再花兩天時間，於二十四日午後抵達卑南平野西部的呂家。

[42] 臺灣總督府民政部殖產課編，《鑛山地質調查報文》（臺北：臺灣總督府民政部殖產課，1900 年 6 月），頁 56-73。

此行人員除井上、小澤二人，以及隨行軍人三十名、通譯一名、挑夫一名，共計三十四名日本人；另外在臺南、加蚋埔召集搬運的挑夫九十餘名、原住民十餘名等，一行人浩浩蕩蕩。不過，由於對道路不熟悉，加上臺灣的山地頗多斷崖絕壁，往往須要攀爬、溯溪，一天只能前進半里，並須露宿在外。一行人進入蕃社的九天中，井上只有兩晚在室內就寢，其餘七天都露宿在外，如果遇到下雨天，更是辛苦。另外，飲用水的取得也是一大問題，一天只能喝兩次水，有時一整天都沒有水喝，[43] 可見探險過程確實十分辛苦。

此次踏查的路線，正好是本島的南部，地形甚為高峻，地質上屬於單一的粘板岩層，而粘板岩層包含中生代和古生代，係由中生代逐漸往古生代遞移。二十五日至二十七日因為天雨留在卑南。二十八日由卑南到雷公火（今關山鎮電光），當晚找雷公火的頭目詢問從此地到東海岸的道路，於二十九日、三十日從雷公火橫斷臺東山脈到嗄嘮吧灣社（位於臺東縣東河鄉）。三十日晚上，應嗄嘮吧灣社阿美族頭目之好意，與前來迎接的蕃人到蕃社住宿。三十一日由嗄嘮吧灣經東海岸到成廣灣。

[43] 井上禧之助，〈臺灣の地質調查—臺灣分水嶺橫斷日誌〉，《地學雜誌》，第 14 輯第 163 卷（1902 年），頁 448-458。井上禧之助（1873-1947），日本山口縣人。東京帝國大學理科大學地質

臺東山脈位在臺灣本島的東緣，從花蓮港河口起，向南漸次增高，幅員亦廣，尤其是從璞石閣到雷公火間更是如此。雷公火的東方是馬武窟溪，形成嗄嘮吧灣的小平野，地層上屬於第三紀的頁岩和砂岩，到嗄嘮吧灣之間，則形成許多褶曲。[44]

四月一日由成廣灣往南到都鑾（都蘭）。二日由都鑾往南經橫斷山脈到利基利基北方一里處，之後返回卑南。東海岸，即成廣灣到南都鑾之間屬於第三紀層，有名的三仙臺就是由第三紀層砂岩所形成，三仙臺、蔴老漏附近的第三紀層向東方急斜，此地一帶的沿岸有小平地，係由黑色的火山灰所形成，而與農業發達的番社相連的海岸有許多的珊瑚礁，成廣灣的灣口就是由珊瑚礁所形成。六日上午，搭乘宮島丸，經花蓮港、蘇澳，於九日進入基隆港。十月返回臺北。總計此趟實地踏查行程，共歷時一一五天。[45]上述調查研究成果，於一九〇〇年出版《鑛山地質調查報文》。

學科畢業，1897 年任臺灣總督府技師，翌年離職返日。1907 年任日本內閣農商務省地質調查所課長，曾赴東西伯利亞進行地質調查並刊行地質圖。1922 年轉任日本設在中國的旅順工科大學首任校長，並長期擔任日本地質學會會長。中華民國鑛業協進會編，《臺灣鑛業會志》（臺北：中華民國鑛業協進會，1991 年），頁 783。

[44] 臺灣總督府民政部殖產課編，《鑛山地質調查報文》（臺北：臺灣總督府民政部殖產課，1900 年 6 月），頁 73-80。

[45] 同上，頁 81-82。

（三）齋藤讓（?-1901）：離島地質調查的先行者

齋藤讓於一八九七年自東京帝國大學地質學科畢業後即來臺，從事石炭、石油、金、硫磺等鑛床之「特別調查」，㊻「豫察調查」經過新高山（玉山）的分水嶺橫斷調查，以及澎湖島、火燒島（綠島）的調查，於一八九八年十二月完成《澎湖群嶋地質圖》，也將調查研究結果刊載在日本《鑛業會誌》上，有數篇更是先驅性的報文。（按：參見彩色圖版第四張）

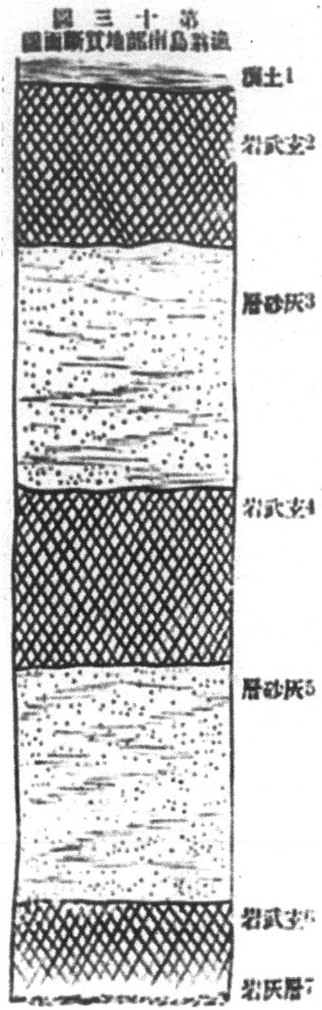

漁翁島南部地質斷面圖

資料來源：臺灣總督府民政部編，《澎湖島地質調查報文》（臺北：臺灣總督府民政部，1900 年 3 月）。
資料提供：國立臺灣圖書館

一八九八年十一月，齋藤赴澎湖進行地質鑛物調查，目的是要確定澎湖本島及其附屬島嶼之地理概況、礦產資源，俾評估澎湖產業發展之可能性。此次計調查了澎湖本島、白沙島及漁翁島等三大島，在二十天的調查期間，有七天花在島嶼間的往返，加上十一、十二月為澎湖風浪最不穩定的時期，為此次調查增添不少困難度。幸最後順利完成，並出版《澎湖島地質調查報文》。

該份調查報告計分為七章，除第一章總說、第七章雜記外，分別記錄澎湖島的地形、地質、地體構造、應用地質（鑛產）、氣象等，內容十分詳盡。第七章雜記中，齋藤提出澎湖產業開發上的兩大問題，即植物育成和水源問題。他指出澎湖全島許多地方是沙漠，加上風強、水源缺乏，只能依賴地下水。其水井又有鹹味，草木有生長不良之情形，大多數以種植甘藷、花生為主，為澎湖開墾上之問題。另外，因澎湖

46 「臺灣石油誌附本島石油業ニ關スル所見技師齋藤讓提出」（1900-08-14），〈明治三十三年臺灣總督府公文類纂永久保存追加第二十二卷殖產租稅會計司法教育學術交通〉，《臺灣總督府檔案．總督府公文類纂》，國史館臺灣文獻館，典藏號：00000546004；「金包里及淡水方面鑛產取調技師齋藤讓提出」（1900-12-01），〈明治三十三年臺灣總督府公文類纂十五年保存追加第六卷官規官職殖產交通〉，《臺灣總督府檔案．總督府公文類纂》，國史館臺灣文獻館，典藏號：00004625028；「瑞芳及金瓜石鑛山現況視察技師齋藤讓復命書」（1900-04-01），〈明治三十三年臺灣總督府公文類纂十五年保存追加第七卷官規官職文書衛生〉，《臺灣總督府檔案．總督府公文類纂》，國史館臺灣文獻館，典藏號：00004626001；「臺北縣管內鑛山視察技師齋藤讓復命書（第一、第三稿）」（1900-07-01），〈明治三十三年臺灣總督府公文類纂十五年保存追加第七卷官規官職文書衛生〉，《臺灣總督府檔案．總督府公文類纂》，國史館臺灣文獻館，典藏號：00004626003。

島是火成岩地形，礦材豐富，具有發展開採建材事業的潛力，建議之後澎湖的產業可以朝此方向發展。47

結束澎湖調查之後，齋藤再奉命到基隆外海的三座無人島——彭佳嶼、棉花嶼、花瓶嶼進行調查，確定是否具有開墾價值。他於一八九九年九月三日與臺北縣廳官員等一行人由基隆港出發，四小時後抵達花瓶嶼和棉花嶼。六日原定到彭佳嶼調查，但在途中遇到颱風並發生船難，一行人在海上漂流了十幾個小時，直到路過的漁船發現才獲救，並被帶回基隆港。因此，此次並未調查彭佳嶼，相關敘述係訪問到過彭佳嶼的人士撰寫而成。

齋藤指出，雖然這三座島嶼看似適合開墾，但礙於海島的地理環境，若要在島上開墾，困難度極高，必須由臺灣本島補給資源。若要種植農作物的話，建議種植耐旱性的作物等。由於這份報告之內容較為簡短，故與澎湖的調查報告合併為附錄〈基隆沖無人島踏查報文〉。48 一九〇一年，齋藤讓在火燒島調查途中感染瘧疾急逝後，總督府即不再設置地質方面之專門技師。

47 臺灣總督府民政部編，《澎湖島地質調查報文》（臺北：臺灣總督府民政部，1900 年 3 月）。

48 臺灣總督府民政部編，《澎湖島地質調查報文》，頁 1。

棉花嶼地形圖

資料來源：臺灣總督府民政部編，《澎湖島地質調查報文》（臺北：臺灣總督府民政部，1900年3月）。
資料提供：國立臺灣圖書館

（四）出口雄三（1883-?）：完備離島調查研究

迄一九〇九年七月，總督府再於殖產局鑛務課之下設地質係，掌理地質鑛產相關業務，[49]並延聘東京帝國大學地質學科畢業的出口雄三主其事。[50]出口曾先後赴臺灣南部、基隆、中央山脈、臺東海岸山脈、臺北桃園、澎湖、宜蘭、新竹，以及打狗、鳳山附近及琉球嶼等地進行地質調查並提出報告書。[51]其中，關於澎湖地質的調查報告書，已有一九〇〇年齋藤讓出版的《澎湖島地質調查報文》，有感於當年時處日本統治臺灣草創時期，各種調查缺乏正確性，乃加以重新編纂並補充相關資料，完成《澎湖群島地質調查報文》，詳細記載澎湖島之地形、地質及其地質之應用（如礦產與石材，尤其是澎湖特有寶石文石及其他珍貴礦石），可了解當時澎湖島的地質狀況。[52]

出口雄三在調查完澎湖之後，先到打狗、鳳山地區及附近的小琉球進行地質調查，於一九一二年五月提出《打狗鳳山附近及琉球嶼地質調查復命書》。同年夏，又被派到紅頭嶼（蘭嶼）進行地質調查。之前齋藤讓曾於一九〇一年五月赴蘭嶼進行地質調查，不幸感染瘧疾而返航，於臺東醫

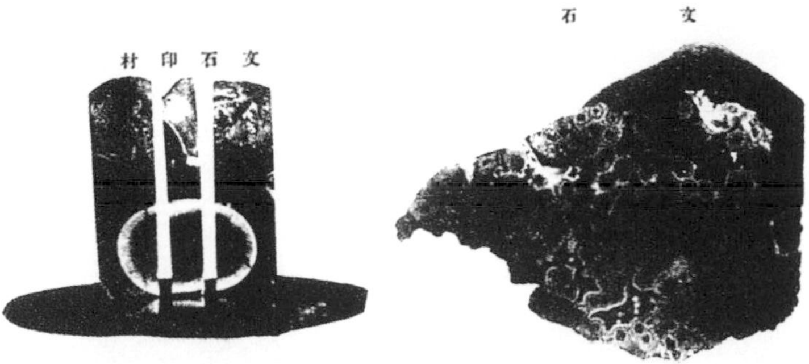

澎湖文石及文石印材

原始資料：出口雄三編，《澎湖群島地質調查報文》（臺北：臺灣總督府民政部殖產局，1912 年）。
資料提供：國立臺灣圖書館

49. 臺灣總督府民政部文書課編，《（明治三十八年分）臺灣總督府民政事務成績提要第十一編》（臺北：臺灣總督府民政部文書課，1906 年 11 月），頁 401-402。

50. 出口雄三，東京帝國大學工學士。1910 年獲聘為臺灣總督府鑛物課囑託，負責地質礦物調查，迄 1913 年離職返日，任職秋田小坂、持越、橋洞、八雲等礦山。「出口雄三鑛物地質調查ニ關スル事務囑託」（1909 年 06 月 12 日），〈明治四十二年永久保存進退（判）第八卷〉，《臺灣總督府檔案》，國史館臺灣文獻館，典藏號：00001562001；中華民國鑛業協進會編，《臺灣鑛業會志》，頁 783。

51. 「臺灣島南端鑛產調查復命ノ件（出口雄三）」（1910 年 01 月 31 日），〈明治四十三年永久保存第八十五卷〉，《臺灣總督府檔案》，國史館臺灣文獻館，典藏號：00001684024；「中央山脈橫斷地質及鑛物調查復命ノ件（出口雄三）」（1910 年 03 月 31 日），〈明治四十三年永久保存第八十八卷〉，《臺灣總督府檔案》，國史館臺灣文獻館，典藏號：00001687002；「臺東海岸山脈北半地質及鑛物踏查復命ノ件（出口雄三）」（1910 年 06 月 09 日），〈明治四十三年永久保存第八十九卷〉，《臺灣總督府檔案》，國史館臺灣文獻館，典藏號：00001688012；「出口雄三澎湖廳地質調查復命ノ件」（1911 年 04 月 21 日），〈明治四十四年永久保存第九十卷〉，《臺灣總督府檔案》，國史館臺灣文獻館，典藏號：00001856003；「出口雄三宜蘭、新竹橫斷地質調查復命ノ件」（1911 年 03 月 27 日），〈明治四十四年永久保存第九十卷〉，《臺灣總督府檔案》，國史館臺灣文獻館，典藏號：00001856006；「出口雄三水返腳南方及擺接堡火山岩分布調查復命ノ件」（1911 年 05 月 12 日），〈明治四十四年永久保存第九十卷〉，《臺灣總督府檔案》，國史館臺灣文獻館，典藏號：00001856013；「打狗鳳山附近及琉球嶼地質調查復命書（出口雄三）」（1912 年 06 月 01 日），〈大正元年永久保存第一三〇卷〉，《臺灣總督府檔案》，國史館臺灣文獻館，典藏號：00002042015。

52. 出口雄三編，《澎湖群島地質調查報文》（臺北：臺灣總督府民政部殖產局，1912 年）。

院病逝，調查計畫因而擱置。

一九〇九年出口雄三接續齋藤讓之調查計畫，在完成打狗、鳳山及澎湖的地質調查後，接續進行紅頭嶼的地質調查，並於一九一三年完成礦石分析報告，因公事繁忙，迄一九一四年才出版《紅頭嶼地質調查報文》，內容主要是介紹紅頭嶼之地質及地理環境，指其金銀礦量少質差，無開採價值，銅礦則有開採潛力，必須再作調查。最末提到紅頭嶼調查之危險。他到紅頭嶼之前已聽說此乃「不健康之地」，有許多生靈葬生在此地，因此特別帶了醫護人員同行。但到了紅頭嶼之後，探險隊十四名隊員中，仍有十二名染上風土病，增加了調查工作的困難度，因此在最後提出撲滅風土病的建議。[53]（按：參見彩色圖版第五張）

另外，出口雄三也以北部大屯火山的地形、地質及地質之應用為主題，說明其火山構造、岩脈產物等。其透過海相化石與地質構造得知，原本大屯山位於海平面底下，因火山作用陸地抬升，成為現今的大屯火山彙。而火山周圍的地質產物主要是溫泉，他將溫泉分為硫磺泉、鹽類泉及單純泉三類，並指出北投溫泉的湯量豐富且富有游離酸，泉質酸性較強，

[53] 臺灣總督府殖產局編，《紅頭嶼地質調查報文》（臺北：臺灣總督府殖產局，1915 年），頁 32-33。

[54] 出口雄三編，《大屯火山彙地質調查報文》（臺北：臺灣總督府民政部殖產局，1912 年），頁 12-20、68-84。

[55] 出口雄三，〈大屯火山彙〉，《地學雜誌》，第 24 卷第 282-284 號（1912 年），頁 391-406、473-481、555-568。

具有強烈刺激性，建議須與清水混合使用。而金包里市街的溫泉則湯量少、溫度低，須要透過適當的工程增加其湧出量及使其溫度上升。[54]同時，他也發現臺北盆地底下的沈積物中有海相化石，推測臺北盆地可能曾是海灣。[55]其後殖產局鑛務課技師牧山鶴彥更明確指出臺北盆地原是一個海灣，後因關渡附近的出口被火山集塊岩堵塞，使得盆地形成湖泊，並堆積了厚達二十公尺的湖相地層；爾後集塊岩被流水切斷，湖泊消失，演變成現今的臺北盆地，於是猜測臺北盆地曾經是個堰塞湖。

此說後來經臺北帝國大學地質學講座助手丹桂之助根據海相化石之分布和關渡隘口的地質特徵，質疑臺北盆地是個堰塞湖的可能性，並呼應出口雄三的看法，認為臺北盆地是由斷層陷落而形成海灣，與堰塞無關。[56]此後，林朝棨、王執明、鄭穎敏、王源等地質學者都接受丹桂之助的論點，排斥堰塞湖的可能性。[57]顯見早期的地質學調查研究仍屬於初步推測居多。現今研究證明，臺北盆地的形成歷史，早期約二十幾萬年以來是火山土石流形成的堰塞湖。約晚更新世，即一萬三千多年前之後，是海水上升後淹沒產生的半淡水海灣或湖泊。

[56] 丹桂之助，〈臺北盆地湖水沈積層の化石に就いて〉，《臺灣地學紀事》，第 9 卷第 3 期（1938 年 11 月），頁 39-47；丹桂之助，〈臺北盆地之地質學考察〉，收入矢部長克編，《矢部教授還曆紀念論文集》，第一輯（仙臺：東北帝國大學，1939 年），頁 371-380。

[57] 林朝棨，〈地形〉，《臺灣省通志稿：土地志 · 地理篇》第一冊（南投：臺灣省文獻委員會，1957 年）；王執明、鄭穎敏、王源，〈臺北盆地之地質及沉積物研究〉，《臺灣礦業》，第 30 卷第 4 期（1978 年），頁 350-380。

一九一一年三月，總督府民政部殖產局出版《臺灣地形地質鑛產地圖》暨說明書，地質部分為出口雄三所作，除了綜合過去十年間赴臺灣各地調查的諸多學者所提出的材料和記錄外，出口也加入自己的觀察，製作出比例尺三十萬分之一的出色地質圖。（按：參見彩色圖版第六張）此圖的地形原圖是以從前臨時臺灣土地調查局編製的十萬分之一的地形圖為基礎，再以蕃務本署最近完成的二十萬分之一的南蕃圖及北蕃圖加以補充而成，也是首次將澎湖群島及臺灣其他附屬島嶼之地形獨立編為一個章節，58 顯示離島的地質鑛產調查已漸告完善，被視為全島調查的一部分。

該說明書計分為地形、地質、鑛產、應用地質等四編，尤著重鑛產一編，占全書二七六頁中之一五一頁，分別說明金、砂金、銀、銅、硫黃、石炭、石油、水銀、褐鐵鑛等之沿革、產地及地質、主要鑛山等，除詳記地名及地形、山脈、河川及原野的關係，並塗色附號，標誌鑛物、鑛泉、燃質瓦斯等之所在，特別是炭層及油帶賦存之關係，以及主要鑛山的位置，以作為總督府施政及業者開礦之參考。

（五）市川雄一：完成《臺灣地質鑛產圖》

一九一九年，殖產局鑛物課增聘地質技師市川雄一來臺，有計畫地展開臺灣、澎湖及附屬島嶼之地質、油田、鑛物之探勘調查。一九二六年，市川與殖產局高橋春吉、濱本勝巳等修訂重編出版三十萬分之一的《臺灣地質鑛產地圖》，地質部分由市川雄一負責，礦產部分由高橋春吉負責。[59]之後，再與地形技手本間右京、春田正明、濱本勝巳，製圖雇市原博、鈴木俊郎等，完成五十萬分之一的《臺灣地質鑛產圖》。該圖之內容為地質構造特徵，包括各種地質體（地層、岩體、礦床）、地質現象（斷層、褶皺等）的分布及礦脈露頭等。[60]（按：參見彩色圖版第七張）

一九二六年三月出版《臺灣地質鑛產地圖說明書》一書，由市川雄一、高橋春吉負責踏查，技手朝日藤太夫與雇濱本勝巳負責製圖。據高橋春吉指出，該書係受到第一次世界大戰之影響，當局對於地質鑛產之需求已不同於以往，亟需更詳細的調查研究，以因應時代的變化；加上一九一四年以來蕃界的出入較前自由，過去人跡未踏之地，已可進入調查，因而依據既有的調查報文及此次調查研究的成果進行改訂增補而成。

[58] 臺灣總督府民政部殖產局編，《臺灣地形地質鑛產地圖說明書》（東京：臺灣總督府民政部殖產局，1911 年 3 月）；早坂一郎，〈臺灣地質圖の變遷〉，《臺灣地學記事》，第 1 卷第 3 期（1930 年 7 月 15 日），頁 38-40。

[59] 臺灣總督府殖產局編，《臺灣地質鑛產地圖》（臺北：臺灣日日新報社，1926 年）。

[60] 臺灣總督府殖產局商工課編，《臺灣地質鑛產地圖說明書》（臺北：臺灣總督府殖產局商工課，1926 年 3 月）。

從大水窟眺望新高山脈

從東眺望塔山（阿里山）的斷崖

資料來源：臺灣總督府殖產局商工課編，《臺灣地質鑛產地圖說明書》（臺北：臺灣總督府殖產局商工課，1926 年 3 月）。

從新高山頂眺望西部山脈

從八通關附近眺望新高山頂

資料來源：臺灣總督府殖產局商工課編，《臺灣地質鑛產地圖說明書》（臺北：臺灣總督府殖產局商工課，1926 年 3 月）。

全書分為地形、地質、鑛產，以及應用地質等四編。其中，地質編分為層位觀、構造觀、地動觀等三章，在層位上有先第三紀時代、第三紀、第四紀，並以此為基礎，說明臺灣的地質構造以及地震之原因、次數等。經統計一九〇八年至一九二五年之地震，以花蓮港二一九六次最高，北部一七九五次居次，餘依序為西南部、臺東、中部、南端。鑛產編則將每一種鑛產依照沿革、產地、礦床、品質，以及主要礦山等，詳細說明並作分類。而應用地質編尤著重介紹臺灣的溫泉，包括北投溫泉、草山溫泉、烏來溫泉、礁溪溫泉、蘇澳冷泉、關子嶺溫泉、知本溫泉、鹽泉、鹽類泉、單純泉等。另亦介紹了石灰、火山灰、粘土、石材、雜類等。[61]

（六）臺灣博物學會及會報

此一時期在地質知識的交流方面亦有頗大進展。一九一〇年十二月，為促進動植物、地質、礦物等博物學關係者之交流，臺灣博物館館長川上瀧彌與木村德藏、島田彌市、澤田兼吉、岡本要八郎、森丑之助、佐佐木舜一等人乃提議倣效札幌博物學會的模式，成立臺灣博物學會，並推舉川上瀧彌為首任會長，主要辦理講演會、採集旅行及會報的發行等，對臺灣

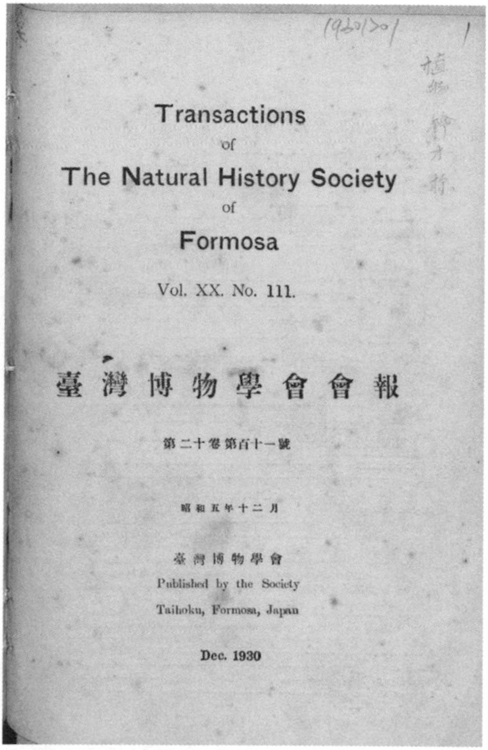

Transactions
of
The Natural History Society
of
Formosa

Vol. XX. No. 111.

臺灣博物學會會報

第二十卷第百十一號

昭和五年十二月

臺灣博物學會
Published by the Society
Taihoku, Formosa, Japan

Dec. 1930

《臺灣博物學會會報》

資料來源：《臺灣博物學會會報》。

61 臺灣總督府殖產局商工課編，《臺灣地質鑛產地圖說明書》（臺北：臺灣總督府殖產局商工課，1926 年 3 月）。

博物學界之交流貢獻不少。[62]其中，講演會每月召開一次，由會員報告研究、採集成果；採集旅行多在春、秋兩季舉行，採用當時流行的郊遊方式進行，除一九一七年十月前往沖繩、與那國島進行地質、水產及動植物採集旅行外，採集地點多在臺北近郊的七星山、大屯山、觀音山、富貴角、金瓜石、暖暖、基隆、三峽、桃園、新竹等北部地區。

創會第一年，於一九一一年四月、十月分別舉辦採集旅行，地點皆是臺北七星山。第三回是一九一二年四月的金瓜石採集旅行，並於抵達鑛山時舉辦第十五次月會，分別由總督府鑛務課的出口雄三、細谷源四郎及陸軍二等獸醫菊池正助報告〈三金山の鑛床に就いて〉、〈本島鑛業の一斑〉、〈金山地方領臺當時の歷史〉。[63]每次採集旅行之收穫均甚豐碩，成果多發表於該會刊物《臺灣博物學會會報》。

該會報係臺灣博物學會為啟蒙暨宣傳博物學，於一九一一年三月所創刊，初由任職於臺灣博物館礦物部的岡本要八郎負責編務，以刊載有關臺灣的動植物、鑛物、人類學、地質學、氣象學等研究論述為主，迄一九四五年二月止，共計發行三十四卷二五二期。[64]在內容上，以植物學的研究報告居多，動物學、昆蟲學的報告則續有增加。餘如北投石的發現、白蟻預防劑的發現、利用天敵撲滅害蟲、蛇毒研究、魚類防腐劑的發現、動植物種類的闡明及新種的發現等，[65]對博物學之研究、普及貢獻極大，是一本相當出色的學術雜誌。

要之，臺灣的地質學研究經過日治前期的調查研究之後，逐漸萌芽發展，迄一九二八年臺北帝國大學成立之後，進入學院內的學術研究階段，更臻壯大。早坂一郎於此時來到臺北帝國大學任教，領導地質學講座內的研究人員，展開全臺地質學調查研究，進而取得豐碩的成果。

[62]〈臺灣博物學會第一年事業一覽〉，《臺灣博物學會會報》，第 5 號（1912 年 1 月），頁附 1-3。

[63]〈會報〉，《臺灣博物學會會報》，第 7 號（1912 年 11 月），頁 200-201。

[64]島田彌市，〈本會の二十五年を顧る〉，《臺灣博物學會會報》，第 25 卷第 136-139 號（1935 年 1-4 月），頁 152-155；朱耀沂，《臺灣昆蟲學史話（1684-1945）》（臺北：玉山社，2005 年），頁 356-357。

[65]素木得一，〈創立十周年に際して〉，《臺灣博物學會會報》，第 51 號（1920 年 12 月），頁 220-221。

[第三部]

全面展開的視野
——早坂一郎的地質學研究

一九二八年臺北帝國大學（今國立臺灣大學前身）成立後，地質學研究不但延續之前與總督府政策配合的實用方向，更進入學術研究的階段。該大學為日治時期臺灣唯一的綜合大學，也是最高的教育暨研究機關。同時，由於殖民地的特殊關係，又因位處日本帝國的南方邊陲，配合南進政策之推動，致力於臺灣、南支南洋地區自然和人文的研究和開發，肩負「國策大學」的使命。其理農學部下設地質學講座，為最早設立的講座之一，並延聘東北帝國大學地質學講座助教授、理學博士早坂一郎為講座教授。

早坂一手創設臺北帝國大學地質學教室，在其領導下，旋即展開一系列科學的地質學研究，包括臺灣新生界之地層、古生物、地史及地質構造等，並赴朝鮮、滿洲、中國進行地質調查，發表許多具開創性的研究論著，不但對日本、中國及世界的地質學研究有顯著的貢獻，對臺灣的古生物學研究貢獻尤鉅。同時，他也結合總督府技師、學校教師等地質相關人員，主導創設臺灣地學會，刊行《臺灣地學記事》，並經其推薦指定海蝕石門、泥火山、貝化石層等為天然記念物。

一九三七年中日戰爭爆發後，早坂也被納入學術動員的行列，配合日本政治、軍事需要，將研究重心延伸至南方地域之地質調查研究，提供臺灣總督府和日本政府政策之重要參考。

臺北帝國大學正門

資料來源：《梨本宮守正王殿下臺灣御成寫真帳》（1934年），《臺灣寫真帖資料庫》。
資料提供：國立臺灣圖書館

臺北帝國大學

資料來源：《梨本宮守正王殿下臺灣御成寫真帳》（1934年），《臺灣寫真帖資料庫》。
資料提供：國立臺灣圖書館

一、來臺之前的經歷

早坂一郎（1891-1977），日本宮城縣仙臺市人，為宮城女學校（今宮城學院大學）數學老師兼幹事早坂哲郎（1868-1940）、柳子夫婦的長男。父母都是虔誠的基督徒，自小即與基督教、外國人有所接觸。一八九八年進入仙臺市立東二番丁尋常高等小學校就讀，其後自仙臺市私立東北學院普通部、仙臺第二高等學校第二部乙類（理科）畢業。❶

一九一二年進入東北帝國大學理科大學地質學科，為該學科第一屆學生，同期入學的有日下部全隆、近藤次彥、小岩井兼輝、菅原公平等人。❷東北帝國大學地質學科的設立，乃係順應十九世紀末、二十世紀初以來世界性的技術革新，以及日本國內發展所需。日本自明治維新以來，為了實現富國強兵的目標，大力扶持民間企業，並自日清、日俄戰爭起急速成長；加上受到世界性技術革新的影響，國內有識之士無不呼籲政府應發展基礎科學。地學方面，於一九一一年設立東北帝國大學理科大學地質學科。❸

早坂一郎剛從東北帝大畢業並任職講師時期的照片

圖片來源：〈東北大學創立 100 週年紀念〉，《東北大學總合學術博物館》，網址：http://www.museum.tohoku.ac.jp/science/person.htm#hys。

早坂一郎之所以選讀地質學科，與其仙臺第二高等學校的地質學鑛物學老師中島欽三的推薦有關。高等學校三年級時，每週上一次鑛物學地質學課，一次兩小時，除講課外，沒有實驗、實習課，甚至授課老師還必須分擔其他課程的講授，像中島老師就必須分擔英語課的教學。可見地質學鑛物學是一門不受到重視的課程，學生也極少以地質學科作為其大學的志願。但中島老師以當時東北帝國大學創立未久，地質學科的矢部長克（1878-1969）[4]教授赴海外留學期間蒐集了許多圖書設備、標本等，亟需學生進入該學科就讀並協助整理，於是推薦早坂一郎申請入學東北帝國大學理科大學地質學科。[5]

[1] 「早坂一郎任臺北帝國大學教授、俸給、勤務、臺北帝國大學分」（1928 年 03 月 01 日），〈昭和三年一月至三月高等官進退原議〉，《臺灣總督府檔案》，國史館臺灣文獻館，典藏號：00010050084。

[2] 〈彙報〉，《東北帝國大學理科大學自修會會報》，第 1 號（1915 年 3 月），頁 9。

[3] 今井功，〈地質調查事業の先覺者たち（7）小藤文次郎〉，《地質ニュース》，東京，第 135 期（1965 年 11 月），頁 13-23。

[5] 早坂一郎，〈二高卒業〉，《角礫岩のこころ》（東京：川島書店，1970 年），頁 15-17。

矢部長克

圖片來源：〈東北大學創立 100 周年記念〉，《東北大學總合學術博物館》，網址：http://www.museum.tohoku.ac.jp/science/person.htm#hys。

❹ 矢部長克（1878-1969），日本東京人，東京帝國大學理學部地質學科畢業，師事小藤文次郎。就讀東京帝國大學大學院期間即曾前往北海道、朝鮮半島等地調查。大學院修了後，獲聘為新設的東北帝國大學理科大學地質學教授，旋赴德國留學 5 年，於 1912 年返回日本，其後 29 年間皆任教於東北帝國大學地質學科，致力於日本的地質構造帶區分、構造發達史，以及古生物研究，不但是日本地質學、古生物學的創始者，也培育出諸多後進研究者，特別是化石相關研究，以致該教室被稱為「化石研究者的巣窟」。矢部曾任日本地質學會、日本古生物學會會長，1953 年以提倡「糸魚川——靜岡地質構造線」，獲頒第十二回文化勳章，是地質學界唯一獲獎的人。阿見孝雄，《言葉が独創を生む 東北大學ひと語錄》（仙臺：河北新報出版センター，2010 年 12 月），頁 61。「矢部長克」，〈東北大學創立 100 周年記念理學部サイエンス展示〉，《東北大學博物館》，網址：http://www.museum.tohoku.ac.jp/science/person.htm#koz，2020 年 2 月 4 日點閱。

（二）師事矢部長克

東北帝國大學創立於一九〇七年九月，是繼東京帝國大學、京都帝國大學之後日本的第三所帝國大學，也是日本東北地區的最高學府。最初東北帝國大學僅有由札幌農學校升格的農科大學（一九一八年自東北帝國大學分離，另創立北海道帝國大學農學部），由佐藤昌介（1856-1939）任校長。一九一一年九月在仙臺創設理科大學，下設數學、物理、化學、地質等四學科十二講座，校長澤柳政太郎（1865-1927）期許理科大學對內要秉持「研究第一主義」，對外要與社會親近的「實用主義」，此一期許也成為迄今東北大學之重要學風傳承。同時，澤柳校長也延聘東京帝國大學理科大學物理學科教授長岡半太郎（1865-1950）為理科大學長，由其主導推薦適合人選來校任教。[6]

地質學科因教授候補者都在海外留學，因此較物理、化學、數學三學科晚了一年才開課。其教授群有地質學古生物學矢部長克、應用地質學佐川榮次郎（1873-1941）[7]、岩崎重三（1869-1941）[8]、岩石學礦物學神津俶祐（1880-1955）[9]、大湯正雄（1882-1921）[10]，以及地形學青木廉二郎

[6] 東北大學百年史編集委員會編，《東北大學百年史——通史》（仙臺：東北大學研究教育振興財團，2007 年），頁 4-5、37、84-86、113-114；小野和夫，〈長岡半太郎博士と東北大學〉，《東北大学百年史編纂室ニュース》，第 4 號（1999 年 8 月），頁 6-7。

❼ 佐川榮次郎（1873-1941），日本東京人，1898 年東京帝國大學地質學科畢業。在學中，曾任震災豫防調查會囑託，在小藤文次郎教授的指導下，於 1896 年夏進行群馬縣內的榛名山、妙義山以及荒船山的地質調查，完成〈荒船舊火山調查報文〉。同時，佐川也參與農商務省地質調查所之地質調查工作，完成 100 萬分之 1《大日本帝國全圖》，於 1897 年第七屆萬國地質學會中展出。畢業後，佐川任東京帝國大學工科大學助教授兼農商務省技師，1908 年 10 月以文部省外國留學生身分出國留學，期間曾於 1909 年到德國法蘭克福（德語：Frankfurt）拜訪其東京帝國大學外國教師、有「日本地質之父」之稱的海因里希·埃德蒙·瑙曼，迄 1911 年 7 月返國。同年 8 月，獲聘為東北帝國大學理科大學地質學第一講座教授，曾赴岩手、秋田、福島、新潟等各縣進行學術調查。著有〈妙義山〉、〈阿波北部鑛山地方一般地質〉、〈アメリカ鑛山巡回略記〉、〈須崎図幅地域の地貌及地質〉、〈越後国東山石油地概説〉，以及《ライマン氏を憶ふ》、《大日本帝国油田地質及地形図第一区説明書》等。〈佐川榮次郎君を悼む〉，《日本鑛業會誌》，第 57 卷第 672 號（1941 年 4 月）；佐川榮次郎，〈ナウマン氏小話、フォッサマグナ、贄川風景〉，《地球》，第 26 卷第 4 期（1936 年 10 月），頁 277-285；「佐川栄次郎外一名東京帝国大学工科大学助教授ニ被任ノ件」，〈任免裁可書・明治三十九年・任免巻二十二〉，《行政文書》，國立公文書館藏，請求番號：任 B 00444100；「東北帝国大学理科大学教授佐川栄次郎外二名官等陞叙ノ件」，〈任免裁可書・明治四十四年・任免巻二十五〉，《行政文書》，國立公文書館藏，請求番號：任 B 00621100。

❽ 岩崎重三（1869-1941），1899 年任第三高等學校教授。1905 年任第五高等學校教授。1907 年任熊本高等工業學校教授。1914 年任御茶水大學教授，講授地質、鑛物等課程。後轉任東北帝國大學教授。岩崎重三是最早討論日本鑛床區的學者，可能參考了 1911 年地質調查所發行的二百萬分之一的《大日本帝國鑛產圖》，當時的鑛山大多未經採掘，也未進行地質調查，但岩崎教授依據主要採掘的鑛山之分布及當時的地質圖，分為鑛床區、朝鮮區、北上區、別子區、小坂區、薩摩區等，為說明地質與鑛床關係的最初線索。1927 年以「本邦石炭の顕微鏡的化学的構造について」為題，獲日本帝國學士院研究獎勵費 600 圓，研究卓著。著有《日本鉱石学》、《実用鉱物岩石鑑定吹管分析及地質表》、《応用鉱物学》、《鉱物鑑定岩石地質表》、《農業地質学》、《日本土木地質学》、《日本金銀史》等書。〈敍任及辭令〉，《官報》，第 4847 號（1899 年 8 月 26 日），頁 329；〈敍任及辭令〉，《官報》，第 6710 號（1905 年 11 月 9 日），頁 244；〈全国から選ばれた名誉の学者七十名：近く帝国学士院から学術研究奨励費附与に決定〉，《国民新聞》，1927 年 4 月 30 日；日本地學史編纂委員會，〈日本地學の展開（大正 13 年～昭和 20 年）（その 4）——「日本地學史」稿抄〉，《地學雜誌》，第 113 卷第 3 期（2004 年），頁 399。

神津俶祐

圖片來源：〈東北大學創立 100 周年記念〉，《東北大學總合學術博物館》，網址：http://www.museum.tohoku.ac.jp/science/person.htm#hys。

❾ 神津俶祐（1880-1955），日本長野縣人，1902 年入東京帝國大學地質學科，受小藤文次郎教授的影響，步上岩石學研究之路。1905 年畢業後，旋入大學院，進行御岳火山、乗鞍火山之調查。1907 年任農商務省地質調查所技師，作成松山、福江等的二十萬分之一地質圖，也赴九州北部、本州西部、朝鮮濟州島、白頭山等地調查鹼性岩，並將新岩石命名為「福江岩」，這是東亞最早發現的鹼性岩，受到極大的注目。1911 年任東京帝國大學講師，1912 年轉任東北帝國大學地質學科講師，後升任教授。1913 年赴歐美留學，在美國卡內基地球物理學實驗所（Geophysical Laboratory）、劍橋大學（University of Cambridge）等從事鹼性長石研究。1916 年 7 月返國，8 月任岩石學鑛物學講座教授，從事火成岩的溶融現象研究，尤以 X 光研究月長石著名於世。1917 年取得理學博士學位。1928 年創立岩石礦物礦床學會並任會長，1929 年創刊機關誌《岩石礦物礦床學會誌》，其研究奠定了現代實驗岩石學及鑛床成因論、鑛物結晶成長學發展之基礎。1932 年被推選為帝國學士院會員。1942 年退休，獲聘為名譽教授。著有《岩石鉱物の研究》、《矢越礦山の礦物及び岩石の研究》等書。人事興信所編，《人事興信録》（東京：人事興信所，1948 年），頁 43；八木健三，〈神津俶祐と実験岩石学〉，《地質ニュース》，第 456 號（1992 年 8 月），頁 57-67；「神津俶祐」，〈東北大學創立 100 周年記念理學部サイエンス展示〉，《東北大學博物館》，網址：http://www.museum.tohoku.ac.jp/science/person.htm#koz，2020 年 2 月 4 日點閱；日本地學史編纂委員會，〈日本地學の展開（大正 13 年～昭和 20 年）（その 4）——「日本地學史」稿抄〉，《地學雜誌》，第 113 卷第 3 期（2004 年），頁 396、398-399；「会員推選　神津俶祐（東北帝大教授）」，〈日本学士院会長会員異動〉，《行政文書》，國立公文書館藏，請求番號：昭 59 文部 02081100。

❿ 大湯正雄（1882-1921），日本青森縣人，是神津俶祐在仙臺的第二高等學校、東京帝國大學的學弟，1908 年自東京帝國大學畢業後，先留校任助手。1912 年轉任東北帝國大學地質學科助教授，將熱平衡理論應用於鑛床學中，研究阿武隈山地的鑛物、加拿大薩德伯里（Sudbury）的鑛床。1918 年赴歐美留學，旋因病返國，1919 年升任教授，1921 年病逝。著有《二上火山調查報告》、《鹿鹽片麻岩に付ての一考察》等。八木健三，〈神津俶祐と実験岩石学〉，《地質ニュース》，第 456 號（1992 年 8 月），頁 60。「東京帝国大学理科大学助手大湯正雄東北帝国大学理科大学助教授ニ任官ノ件」，〈任免裁可書・大正元年・任免巻二十七〉，國立公文書館藏，請求番號：任 B 00658100；「東北帝国大学教授大湯正雄休職ノ件」，〈任免裁可書・大正九年・任免巻二十五〉，《行政文書》，國立公文書館藏，請求番號：任 B 00934100。

⓫ 青木廉二郎（-1947），1924 年與矢部長克教授將地質新生界年代層序區分為秋津、高千穗、瑞穗、敷島等 4 系統，不但是日本地質研究上的開創性成就，也引起學界極大迴響。1933 年任東北帝國大學助教授。1936 年升教授。1940 年任日本古生物學會會長。著有〈燐礦と隆起礁に就きて〉、〈斷層に就きて〉、〈日本近生代地層の対比〉、〈關東構造盆地周緣山地に沿へる段丘の地質時代〉、〈大陸移動説に対する地質学者及び地理学者の見解〉等文。「東北帝国大学助教授青木廉二郎外六十六名官等陞叙ノ件」，〈任免裁可書・昭和八年・任免巻三十六〉，《行政文書》，國立公文書館藏，請求番號：任 B 01814100；「東北帝国大学助教授青木廉二郎外四名任免ノ件」，〈任免裁可書・昭和十一年・任免巻十四〉，《行政文書》，國立公文書館藏，請求番號：任 B 02052100。

[11]等，師資陣容頗為堅強。一九一五年七月，早坂自東北帝國大學地質學科畢業，旋入大學院就讀，因與矢部長克教授都對亞洲的地體構造論感興趣，遂師事矢部教授。

一九一六年十月十六日早坂中途退學，任矢部長克教授的助手並任東北帝國大學理科大學講師，講授東亞地質論。此一講題係按照矢部教授的規畫，不僅在日本是首次的嘗試，在世界上也是罕見的課題。同時，早坂也研究中國之地質，一方面延續明治以來日本地質學者赴中國各地進行地質調查的傳統，一方面為準備東亞地質論的講義，並曾帶領地質學科的學生赴朝鮮半島、滿洲、山東等地調查研究。[12]一九一八年四月結婚。一九二〇年五月以論文〈新潟縣青海石灰岩の地史學的研究〉，取得東北帝國大學理學博士學位。其博士論文證明在下部石炭系有腕足類、珊瑚類的化石，確立日本青海地區石灰岩層的層序，[13]在學術上貢獻甚大，由此馳名於學界。同年出版《日本地史の研究》一書，書中揭載各時期美麗的化石圖版並附上解說，在當時資訊還不充分時，已能建立日本獨自的化石及層序的資料，提出與行政區劃不同的地質之境界，是當時最新的生層序學的論著。[14]一九二一年早坂升任東北帝國大學助教授。[15]

[12] 早坂一郎，〈大陸旅行覚え書〉，《角礫岩のこころ》，頁 70-72。

[13] 日本地學史編纂委員會，〈日本地學の展開（大正 13 年～昭和 20 年）（その 4）——「日本地學史」稿抄〉，《地學雜誌》，第 113 卷第 3 期（2004 年），頁 389。

（二）赴中國見學旅行

一九二二年三月四日至五月十日，早坂一郎帶領地質學科二年級學生遠藤誠道、藤本治義、富田芳郎、高尾彰平、園川馨、黑田偉夫等，以及特別志願參加的三年級學生伊能芳雄、近藤繁、齋藤齊等，一行十一人到中國見學（參觀、調查）旅行。此次見學旅行首途由長崎到中國上海，之後一路由上海、蘇州、南京、蕪湖、黃石、漢口，到北京、天津、濟南、青島等，視察了沿線各地的地質、鑛山等，尤其是安徽蕪湖的桃沖鐵山、湖北黃石的大冶鐵山、天津附近的開平炭田等。四月一日抵達北京後，先訪問北京大學校長蔡元培（1868-1940）向其致敬，之後由北京大學地質系教授李四光（1889-1971）陪同，前往北京西山的侏羅紀炭山地質見學旅行；四月十五日，早坂與學生們一同出席中國地質學會，並加入成為會員，為加入中國地質學會會員最早的日本學者。同時，由時任副會長翁文灝邀請早坂在中國地質學會發表〈日本地質概述〉的日文演講。之後早坂更成為中國地質學會的終身會員。迄一九四五年二戰結束為止，與該學會的幹部一直都有書信往來、論文交換等。

⓮ 長田敏明，〈早坂一郎——日本における現在主義の古生物學の先驅者〉，《地球科學》，第 60 卷（2006 年），頁 514。生層序學（biostratigraphy），即生物地層學，利用地層中生物化石的種類分布、層序關係，判斷地質的結構、年代、演化等。柴正博，〈生層序学の方法と問題点〉，《地球科學》，第 47 卷第 4 號（1993 年 7 月），頁 353-355。

⓯ 「早坂一郎任臺北帝國大學教授、俸給、勤務、臺北帝國大學分」（1928 年 03 月 01 日），〈昭和三年一月至三月高等官進退原議〉，《臺灣總督府檔案》，國史館臺灣文獻館，典藏號：00010050084。

在北京，也見到了中國著名的地質學者翁文灝（1889-1971）[16]，以及時任中國農商部地質調查所古生物室主任兼北京大學地質系教授葛利普（Amadeus William Grabau, 1870-1946）[17]。一行人在青島解散後，學生們又到大連，參觀炭山、鐵山等，於五月底返回日本。此次中國見學旅行，遍歷華南、華中、華北各地，對於學生的地理、地質學見聞增益甚大。[18]之後，早坂於一九二四年二月、一九二五年十二月曾兩度帶領學生赴中國各地調查研究。由於研究上的關係，早坂與中國地質學者李四光、翁文灝、丁文江（1887-1936）、裴文中（1904-1982），以及美國地質學者葛利普、法國古生物學家德日進（Pierre Teilhard de Chardin, 1881-1955）等，均有深厚友誼。[19]東北帝國大學時期的求學、研究經歷，為早坂一郎往後的學術生涯奠定良好的基礎。

⑱ 早坂一郎，〈大陸旅行覚え書〉，《角礫岩のこころ》，頁72-82。

⑲ 富田芳郎，〈序文〉，收入早坂一郎先生喜寿記念事業会編，《早坂一郎先生喜寿紀念文集》，頁2。

⑯ 翁文灝（1889-1971），字詠霓，浙江寧波人，是中國現代地質學、地理學的奠基人。13 歲考中秀才，後到上海震旦學院接受西方教育，兩年後考取官費留學，於 1913 年獲得比利時魯汶（Louvain）大學地質學博士學位。1914 年返國後，歷任北京農商部地質研究所講師、教授、所長，以及北京大學、清華大學教授等。同時，他也是中國地質學會的創會會員之一、中國地理學會第一至十屆會長。其後從政，歷任軍事委員會國防設計委員會祕書長、行政院祕書長、經濟部長、行政院副院長、資源委員會委員長等職。1948 年當選中央研究院第一屆院士，同年 5 月任行政院長。1949 年 2 月任總統府祕書長，旋辭職出國。1951 年返回中國，曾任政協委員，之後主要從事翻譯及學術研究。著有《中國礦產志略》、《甘肅地震考》、《地震》、《地質學講義》等書。李學通編，《翁文灝往來函電集 1909-1949 —從地學家到民國行政院院長》（北京：團結出版社，2020 年）。

翁文灝

圖片來源：©Public domain, via Wikimedia commons. 國立中央研究院文書處

⑰ 葛利普（Amadeus William Grabau, 1870-1946），德裔、美籍地質學家，1900 年獲美國哈佛大學博士學位，1901 年任哥倫比亞大學教授。1910 年赴歐洲各國考察地質，迄 1920 年已是譽滿歐美的地質學家。其後，應中國地質學者丁文江之聘請到中國，任農商部地質調查所古生物研究室主任，並由丁文江向當時的北京大學校長蔡元培推薦，延聘兼任北京大學地質學系教授，1934 年任北京大學地質學系主任。1941 年 12 月太平洋戰爭爆發後，被日軍送進北平集中營，迄 1945 年 8 月戰爭結束始恢復自由。1946 年病逝北平，遺體葬於北京大學地質系。葛利普教授在中國從事研究與教學工作共 26 年，為中國的地質學奠定基礎，中國最早一批地層學與古生物學知名學者大多出自他的門下。著有《地層學原理》、《中國古生物志》、《中國地層學》等書。楊靜一，〈葛利普傳略〉，《自然科學史研究》，第 3 卷第 1 期（1984 年），頁 83-89。

葛利普（Amadeus William Grabau）

圖片來源：© Public domain, via Wikimedia Commons

(三) 與宮澤賢治的化石情緣

值得一提的是，早坂一郎與日本著名的童話作家宮澤賢治（1896-1933）[20]竟有一段難得的地質情緣。一九二六年初，早坂收到一位博物學老師鳥羽源藏（1872-1946）寄來北上山地南部的古生代化石標本，經過調查，研判這些化石是曾出現在歐、亞大陸，現存於北美的バタグルミ化石（胡桃化石，學名 *Juglans cinerea*）。因早坂對於分布在北上山地南部的古生代地層已有不少研究，[21]想要取得更多的資料，遂與鳥羽先生聯絡，由盛岡高等農林學校畢業的青年宮澤賢治作導覽，三人帶著花卷町周邊的土壤圖及說明書等，一同前去採集化石，途中也聽取宮澤說明當地的地形、地質等。

化石位在北上川河畔（イギリス海岸）潮溼的低地，表面含有化石泥岩外，也有鹿的足跡。此趟化石採集旅行之後，早坂也根據調查研究的結果，撰述〈岩手縣花卷町產化石胡桃に就いて〉一文刊載於《地學雜誌》，在文章的最末，早坂特別感謝鳥羽源藏、宮澤賢治的協助。[22]同時也將論文抽印本寄給鳥羽、宮澤二人。十年後，日本其他地方也發現胡桃化石，

[21] 長田敏明，〈早坂一郎——日本における現在主義の古生物學の先驅者〉，《地球科學》，第 60 卷（2006 年），頁 513。

[22] 早坂一郎，〈岩手県花巻町産化石胡桃に就いて〉，《地學雜誌》，第 38 卷第 2 號（1926 年 2 月 15 日），頁 55-65。

⑳ 宮澤賢治（1896-1933），日本岩手縣人，著名的詩人、童話作家。盛岡高等農林學校（今岩手大學農業部）畢業。1921 年任縣立花卷農業學校教師。其間開始創作口語詩，並在當地報紙和同人誌上發表詩歌與童話。1924 年自費出版詩集《春天與阿修羅》及童話集《要求繁多的餐廳》。1926 年辭去教職，過起獨居自炊的農耕生活。1933 年病逝，留下《銀河鐵道之夜》等數量龐大的未發表作品手稿。

宮澤賢治於 1918 年盛岡高等農林學校畢業照

資料來源：宮澤賢治著，《宮澤賢治全集》（東京：筑摩書房，1956 年）。

而宮澤賢治是第一位發現者。其後，宮澤更以《銀河鐵道之夜》成為著名的作家，在這部小說的第二五九頁至二六〇頁「プリオシンの海岸の白い岩のところの化石」中提到其採集胡桃化石的經過，其中的「地質學者」就是早坂一郎。[23]

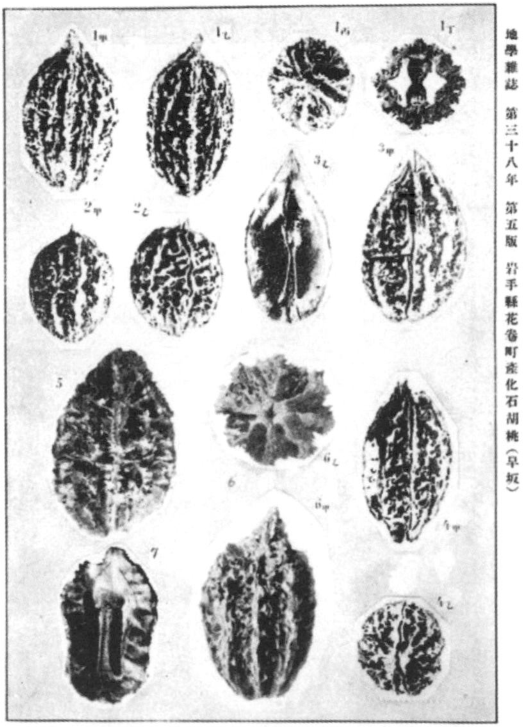

早坂一郎與宮澤賢治一同採集的胡桃化石

資料來源：早坂一郎，〈岩手県花巻町産化石胡桃に就いて〉，《地學雜誌》，第 38 卷第 2 號（1926 年 2 月 15 日），頁 55-65。

[23] 早坂一郎，〈宮沢賢治がはじめて花巻で採集した化石〉，《角礫岩のこころ》，頁 22-25。

二、臺北帝國大學地質學講座及其成果

一九二六年五月早坂一郎來臺，任臺灣總督府臺北高等農林學校教授，旋即以臺灣總督府在外研究員身分前往德、法、英、美等四國研究，採集地質學標本，並曾拜訪德國的古生物學者芮希特夫婦（Rudolf Richter, 1883-1962、Emma Richter, 1888-1956），向其請教關於古生物化石的古生態和化石化作用[24]之研究。受到芮希特夫婦的啟發，其後早坂也從事古生代的海棲無脊椎動物化石之研究。同時，他也特別帶著日本北上山地石灰岩中的珊瑚化石到大英博物館（British Museum）進行研究，證實它也是下部石炭系的化石。[25]

一九二八年一月早坂返回東京後，先獲聘為臺北帝國大學創設準備事務囑託，赴琦玉、歧阜、和歌山等縣進行大學用地質學標本的採集。三月十七日上山滿之進總督以敕令第三十一號頒布「臺北帝國大學官制」後，[26]正式設立臺北帝國大學，早坂一郎獲聘為理農學部地質學講座教授，[27]主要講授地質學、古生物學、地史學、構造地質等課程。赴任當時，按照

[24] 化石化作用（fossilized），是指隨著沉積物變成岩石的成岩作用，埋藏其中的生物遺體雖經歷了物理作用和化學作用的改造，但是仍然保留著生物面貌及部分生物結構的作用。

[25] 長田敏明，〈早坂一郎 —— 日本における現在主義の古生物學の先驅者〉，《地球科學》，第 60 卷（2006 年），頁 515。

[26] 「臺北帝國大學官制」（1928 年 03 月 24

臺灣總督府的規定，大學教授都要製作一套官服，早坂也按照規定製作了一套，但他認為官服呈現統治者的優越感，心裡頗為抗拒，在臺二十多年間，只穿過二、三次。[28]

在早坂一郎的領導下，臺北帝國大學地質學講座配合日本、臺灣總督府之政策，展開一系列科學的地質學研究調查，並舉辦各種學術活動，均取得豐碩成果，為近代臺灣地質學研究奠定堅實的基礎。臺北帝國大學係一所研究型的大學，實施講座制。[29]講座制（Lehrstuhl）係仿自德國，兼具教學和研究的雙重功能，每一講座均為一獨立而完整的研究單位，以講座教授及其專業領域為核心追求卓越的學術研究業績，地質學講座自不例外。創設之初，地質學講座除教授早坂一郎之外，尚有助教授市村毅（1892-1965）[30]、助手丹桂之助（1900-1965）[31]。一九三一年四月，增聘助教授富田芳郎（1895-1982）[32]。一九三八年，增聘助手金子壽衛男（1913-）[33]。其中，富田芳郎、丹桂之助皆為早坂一郎在東北帝國大學的學生、助手。

日），《臺灣總督府府（官）報》，國史館臺灣文獻館，典藏號：0071030340a012。

[27] 「早坂一郎任臺北帝國大學教授、俸給、勤務、臺北帝國大學分」（1928 年 03 月 01 日），〈昭和三年一月至三月高等官進退原議〉，《臺灣總督府檔案》，國史館臺灣文獻館，典藏號：00010050084；「早坂一郎（大學創設準備ニ關スル事務ヲ囑託ス）」（1928 年 01 月 01 日），〈昭和三年一月至三月判任官進退原議〉，《臺灣總督府檔案》，國史館臺灣文獻館，典藏號：00010217025。

[28] 早坂一郎，〈官服〉，《角礫岩のこころ》，頁 37-39。

[29] 「臺北帝國大學講座令」（1928 年 03 月 24 日），《臺灣總督府府（官）報》，國史館臺灣文獻館，典藏號：0071030340a014。

❸⓪ 市村毅（1892-1965），日本茨城縣人。父親為日本的東洋史學大家、東京帝國大學名譽教授市村瓚次郎（1864-1947）。1917 年東京帝國大學理科大學地質學科畢業，任三菱製鐵株式會社鑛山部技師；1922 年任朝鮮總督府殖產局燃料選鑛研究所技師，從事石炭調查研究，1924 年起兼任朝鮮總督府水原高等農林學校講師，著有煤田、鐵鑛床、岩石等論文不少。1928 年轉任臺北帝國大學地質學講座助教授，講授鑛物學、岩石學、鑛床學等課程，並以臺灣的鑛物、岩石為研究重點。1929 年，以總督府在外研究員身分赴歐美考察研究，1937 年以論文〈朝鮮平安南道及黃海道に於ける或特殊の赤鐵鑛及褐鐵鑛鑛床に關する地質學的研究〉，獲得東京帝國大學理學博士學位；同年理農學部增設地質學第二講座，升任第二講座教授。戰後 1945 年獲臺灣大學留用，於 1947 年返回日本，1949 年任東京大學教養學部教授、自然科學科長。1953 年自東京大學退休，轉任山形大學教育學部地學教室任教，並發表關於藏王火山地質、温泉地質、重鑛物、第三紀地層、火山岩等論文。「市村毅任臺北帝國大學助教授、俸給、勤務」（1928 年 05 月 01 日），〈昭和三年四月至六月高等官進退原議〉，《臺灣總督府檔案》，國史館臺灣文獻館，典藏號：00010051041。

❸① 丹桂之助（1900-1965），日本秋田縣人。1923 年秋田鑛山專門學校採礦學科畢業，曾任宮崎縣福島高等女學校教諭。1928 年 3 月自東北帝國大學理學部地質學古生物學科畢業。同年 5 月，任臺北帝國大學理農學部地質學講座助手。1937 年 10 月升任地質學第二講座助教授，專研古生物學（特別是貝類化石）及地層學，擔任各種室內地質實習及野外地質調查課程。戰後 1945 年獲臺灣大學留用，1946 年 4 月任臺灣省海洋研究所所員兼臺灣大學教授。同年 12 月返回日本。1947 年 5 月任秋田鑛山專門學校教務囑託、講

師，1948 年 12 月升任教授。1950 年 9 月取得東北大學理學博士學位。1959 年起，任秋田鑛山專門學校改制後的秋田大學鑛山學部部長。1964 年 4 月任秋田工業高等專門學校校長，1965 年 5 月 5 日過世，享年 64 歲。「丹桂之助任臺北帝國大學助教授、敘高等官六等、本俸十級俸下賜、職務俸三百六十圓下賜、理農部勤務ヲ命ス」（1937 年 10 月 01 日），〈昭和十二年十月至十二月高等官進退原議〉，《臺灣總督府檔案》，國史館臺灣文獻館，典藏號：00010091051；早坂一郎，〈丹桂之助博士の略伝〉，《貝類學雜誌》，第 27 卷第 1 號（1968 年），頁 35。

32 富田芳郎（1895-1982），日本北海道人。在東京高等師範學校求學期間，深受地理學的山崎直方、內田寬一等先生的薰陶，之後進入東北帝國大學理學部，在地質學講座矢部長克、早坂一郎兩先生下學習，奠定其地理學、地質學的基礎。1924 年畢業後，留校任法文學部助手，擔任田中館秀三教授之助手，研究經濟地理學。1926 年任奈良女子高等師範學校教諭兼教授。1931 年來臺，任臺北帝國大學地質學講座助教授，專研地形學，講授地形學、經濟人文地理學、地層學等課程。1945 年 10 月以論文〈臺灣地形發達史〉，取得臺北帝國大學理學博士學位。1946 年 4 月獲聘為臺灣大學教授。1947 年 12 月返回日本，1948 年任東北大學理學院地理學系教授。之後，歷任日本大學文理學院地理學系、國士館大學地理學系教授。1981 年獲頒三等瑞寶勳章。1982 年病逝，享年 86 歲。「富田芳郎任臺北帝國大學助教授、俸給、勤務」（1931 年 05 月 01 日），〈昭和六年四月至六月高等官進退原議〉，《臺灣總督府檔案》，國史館臺灣文獻館，典藏號：00010064056；村田貞藏，〈富田芳郎君の逝去を悼む〉，《地理學評論》，第 56 卷第 5 號（1983 年），頁 307-310。

關於臺北帝國大學理農學部地質學講座教授早坂一郎暨講座成員所展開之地質學研究及成果，茲分述如下。

（一）古生物學研究

早坂一郎認為地質學是一門研究地球發展過程的學問，是歷史科學的起點，與其他自然科學截然不同。當時的研究主流，是源自德國的地質學的（生層位學的）古生物學（paleontology），係根據地層挖掘出的生物化石種類，建立生層序，並將產出化石予以記載、分類，與生物學的古生物學不同。早坂認為達爾文（Charles Robert Darwin, 1809-1882）之所以能成功，是因為他具備充分的地質學的古生物學的素養，不再相信過去的天變地異說，而是由生物的化石來正確地說明其變異的成因，必須要先復原古生物的生活史，才能掌握現在生物的生活史，因此有研究古生物學的必要性。

早坂在東北帝國大學求學、任教期間，即在矢部長克教授的指導下，開始進行古生物學的分類學研究，曾進行分布在飛驒山地北部及北上山地

㉝ 金子壽衛男（1913-），日本佐賀縣人。東京高等師範學校博物科畢業後，來臺擔任州立臺南第二中學校生物教師。其對地質學頗有造詣，尤其對貝類的分類，特別是對小型貝類的鑑定精確，受到臺北帝國大學早坂一郎教授的賞識，於 1938 年轉任臺北帝國大學地質學講座助手。岡本正豐，〈金子壽衛男先生と貝の思い出〉，《日本貝類学会研究連絡誌》，第 32 卷第 3、4 號（2002 年 8 月），頁 82-84。

南部的古生代地層研究，包含腕足類、珊瑚類、紡錘蟲類、卷貝類等無脊椎動物化石（Fossil invertebrates）的分類學研究。尤其早坂不拘泥於過去的研究方法，而是採用新方法和新的思維方式，例如利用石膏製造蟹的巢穴、用X光觀察化石內部的構造、用顯微鏡觀察化石的切片等，也注意化石的顏色並作標記等，㉞在研究上已有所突破。

一九二六年來臺後，研究範圍也擴大到臺灣來，曾赴全臺各地踏查研究，從大型化石到微化石，從軟體動物、腕足類，到珊瑚類、海膽類、哺乳類、高等有孔蟲類等均有深入研究，並出版《古生物學序論》（一九三一

㉞ 長田敏明，〈早坂一郎 ── 日本における現在主義の古生物學の先驅者〉，《地球科學》，第 60 卷（2006 年），頁 513。

年）、《石炭紀・二疊紀》（一九三三年）、《臺灣產化石研究史略》（一九三九年）、《化石の世界》（一九四〇年）等書，以及發表〈臺灣中央山脈の粘板岩系中の抱球蟲（*Globigerina*）に就いて〉（一九二九年）、〈臺灣の粘板岩系中の化石とその地質時代の化石〉（一九三〇年）、〈蘇澳灣に腕足類 *Craniscus* の產出する事に就いて〉（一九三一年）、〈臺灣に產する相利共棲（commensal）孤生珊瑚の化石〉（一九三一年）、〈臺灣に於ける始新世有孔虫の新產地〉（一九三二年）、〈臺灣に於ける哺乳類化石の分布に就いて〉（一九四四年）等多篇論文，在當時已是世界級的少數腕足類化石研究者之一，書櫃裡收藏有世界各國的腕足類化石的文獻資料。[35] 又，從古生態學（palaeoecology）的視角來研究化石的產出，也是當時臺北帝國大學地質學講座的研究重心之一，助手丹桂之助有不少關於化石之研究成果，尤其是貝類，其他如有孔蟲類、脊椎動物等，亦有不少研究成果。[36]

• 左鎮菜寮的犀牛化石

值得大書特書的是，一九三一年臺南州新化郡左鎮庄菜寮保甲事務所書記陳春木在菜寮溪河床撿到奇石（古象臼齒化石），並寄給臺北帝國大學地質學講座教授早坂一郎。早坂遂於當年秋季南下勘查，從下菜寮走到風吹嶺，沿著河床約二．五公里，採集混在礫石中的許多鹿的角的破片、

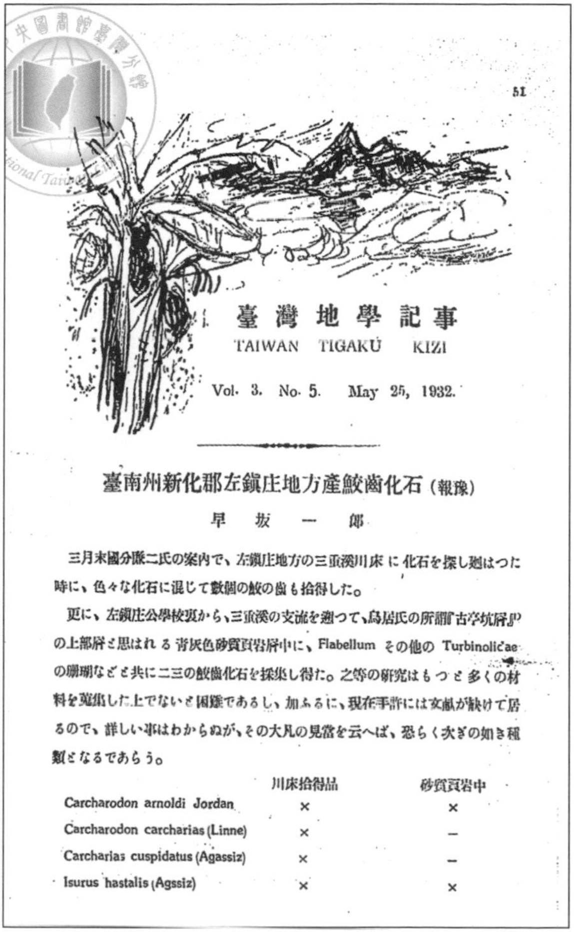
51

臺灣地學記事

TAIWAN TIGAKU KIZI

Vol. 3. No. 5. May 25, 1932.

臺南州新化郡左鎭庄地方產鮫齒化石（報豫）

早坂一郎

三月末國分藤二氏の案內で、左鎭庄地方の三重溪川床に化石を探し廻はつた時に、色々な化石に混じて數個の鮫の齒も拾得した。

更に、左鎭庄公學校裏から、三重溪の支流を遡つて、鳥居氏の所謂『古亭坑層』の上部層と思はれる青灰色砂質頁岩層中に、Flabellum その他の Turbinolicae の珊瑚などと共に二三の鮫齒化石を採集し得た。之等の研究はもつと多くの材料を蒐集した上でないと困難であるし、加ふるに、現在手許には文献が缺けて居るので、詳しい事はわからぬが、その大凡の見當を云へば、恐らく次ぎの如き種類となるであらう。

	川床拾得品	砂質頁岩中
Carcharodon arnoldi Jordan	×	×
Carcharodon carcharias (Linne)	×	–
Carcharias cuspidatus (Agassiz)	×	–
Isurus hastalis (Agssiz)	×	×

早坂一郎發表〈臺南州新化郡左鎮庄地方產鮫齒化石〉一文於《臺灣地學記事》（1932）

資料提供：國立臺灣圖書館

㉟ 顏滄波教授回憶錄編輯小組，《地質生涯一甲子：臺灣地質調查先驅顏滄波教授》（臺北：中華民國鑛業協進會，2008 年）。

㊱ 早坂一郎，〈丹桂之助博士の略伝〉，《貝類學雜誌》，第 27 卷第 1 號（1968 年），頁 35。

齒、野牛的齒、獸骨的破片，以及少數的鮫的齒、珊瑚的破片等。後來根據陳春木再轉送的標本，於一九三二年先後發表〈臺灣に於ける化石象齒の新產出〉、〈臺南州左鎮庄の新採集品〉、〈臺灣に於ける象齒化石の新產出〉、〈臺南州新化郡左鎮庄地方に於ける化石哺乳動物の產出狀態に就いて〉等論文，[37]為菜寮溪動物化石研究的嚆矢，也是臺灣最早的化石研究。

一九七一年九月，在其學生，也是臺灣大學地質系教授林朝棨[38]的指導下，在菜寮溪挖出了犀牛化石的大部分骨骼，是臺灣所發現最完整的犀牛化石，並將它命名為「中國犀牛早坂氏亞種化石（*Rhinoceros sinensis hayasaka*）」，以紀念其恩師早坂一郎教授。這隻犀牛的學名除了有早坂一郎，為何還有「中國」兩字？因為這隻犀牛推定生存的年代距今約九十萬至四十五萬年前。那時臺灣與中國陸地相連，尚未有臺灣海峽，所以中國特有的大型動物才會跑到臺南左鎮山區來。

又，一九三三年早坂一郎曾發表〈高雄州に產したヒトデの化石について〉一文，研究臺灣巨帶蛤化石的分布與產狀。巨帶蛤（*Loripes*

[37] 早坂一郎，〈臺南州新化郡左鎮庄地方に於ける化石哺乳動物の產出狀態に就いて〉，《臺灣地學記事》，第3卷第5期（1932年5月），頁52-54。

38 林朝棨（1910-1985），臺中豐原人。1931 年進入臺北帝國大學理農學部地質學講座，為該講座第一位學生，也是當時唯一一位學生。1934 年畢業後，先留校任地質學教室副手，1935 年轉任職臺陽礦業公司，主要負責瑞芳金礦和中央山脈的油田地質、河川地質的探勘工作。1937 年在早坂一郎的安排下，任教新京工業大學。1939 年到北京，獲聘為北京師範學院、北京大學地質系教授；1942 年擔任北京師範大學地質系系主任。1946 年返臺後，到臺中師範學校任教務主任半年，之後任臺灣大學地質系教授，迄 1977 年退休。期間，開始研究本島各地第四紀層序及對比，奠定臺灣第四紀地質學之基礎。1963 年，以論文《臺灣第四紀》獲得日本東北大學理學博士學位。1968 年發現臺東長濱八仙洞遺址。次年創立中華民國貝類學會。著有《臺灣地形》、《臺灣地質》等書。劉益昌，〈臺灣地質界的前輩〉，收入張炎憲、莊永明、李筱峰編，《臺灣近代名人誌》，第五冊（臺北：自立晚報，1990 年）。

1972 年菜寮溪採化石留影

資料提供：臺南市政府文化局左鎮化石園區

陳春木（1910-2002）

goliath）係一九二八年由東京帝國大學教授橫山又次郎所命名，早坂教授認為高雄壽山東南側採石場的巨帶蛤化石應採自一種特別堅硬的泥灰質結核，其化石產狀與在甲仙地區所見者相同，但其層位則介於化石珊瑚礁和基底泥岩交界處。早坂也在甲仙的化石採集剖面，發現巨帶蛤化石在泥灰岩結核中多量產出；泥灰岩略有岩脈外形，延伸入下方的砂質泥岩中，但其中無巨帶蛤化石；砂質泥岩中有許多大小不等，呈樹枝狀或棒狀的岩脈；伴隨巨帶蛤產出的其他化石數量相當稀少。最後，他根據巨帶蛤化石的產狀，推論其可能生存於某種特殊環境，而甲仙和高雄壽山很可能同屬相同，甚或相近的地質時期和環境。[39] 由於早坂一郎敏銳的觀察，對於臺灣西南部化石珊瑚礁的最初發育機制又多了一份了解。

（二）地質學研究

1、足跡遍及日本、中國、朝鮮、滿洲

在地質學研究上，早坂一郎在東北帝國大學求學期間即曾赴朝鮮、滿洲、中國等地進行地質學調查研究，並將研究結果，與其恩師矢部長克合

著《支那地學調查報告》（*Geographical Research in China Reports*）第三卷，由東京地學協會刊行。該卷之主題是「南支那產古生物」（Palæontology of Southern China），旨在記述中國華南地質之大要，並與日本、中國華北、南滿洲以及北朝鮮之地史系統相比較。所收錄之古生物材料係一九一三年至一九一五年間東京地學協會派遣野田勢次郎、小林儀一郎、山根新次等三人赴中國華南採集而得，珊瑚類、腕足類則是早坂一郎幾年前到中國華北、朝鮮及日本等地採集而來。

從地質學上來看，這些化石的年代，主要介於寒武紀到侏羅紀之間，尤以二疊紀最多，與日本以秩父古生代最為發達不同。由化為秩父古生代上部的石灰岩等而成的礫岩之發達來看，至少從二疊紀末期到中部三疊紀初期之間的時期，在日本群島今日的位置，確實有陸地的存在。又，由三疊紀的海水再次遮蔽，在北支那（中國華北）、南滿洲及朝鮮等以二疊紀海成層的發達看來，三疊紀的海之分布，以日本、海參崴附近等為限，應不及於其以西。而南支那一帶，在二疊紀末期一旦有成為陸地的證跡，也直接成為三疊紀海水淹沒之處，最終升到海平面之上，並維持至今。該報告中並附有二十八幅化石圖譜，以及這些化石的學名及地質年代。[40]

[39] 早坂一郎，〈高雄州に產したヒトデの化石について〉，《臺灣博物學會會報》，第 23 卷第 126 號（1933 年 6 月），頁 185-188。

[40] 長田敏明，〈早坂一郎 —— 日本における現在主義の古生物學の先驅者〉，《地球科學》，第 60 卷（2006 年），頁 513；早坂生，〈山東省珍聞奇事〉，《東北帝國大學理科大學自修會會報》，第 2 號（1916 年 4 月），頁 55-61；矢部長克，〈南支那產古生物調查報告摘要〉，收入東京地學協會編，《支那地學調查報告》，第三卷（東京：東京地學協會，1920 年），頁 1-15。

其後，早坂任東北帝國大學助教授後，於一九二二、一九二四、一九二五年曾多次帶領學生赴中國各地研究調查，撰述〈支那のギガントプテリス（*Gigantopteris*，二疊紀晚期的植物化石）新產地〉、〈山東省之所謂下部石炭系之研究〉、〈南滿洲復州縣金家城子並に遼陽附近產カムブリア紀（寒武紀）化石概報〉（以上三篇為一九二三年刊載）、〈南京山地棲霞山石灰岩の地質時代に就いて〉（一九二五年）等多篇論文。其中，南京山地的研究還獲得文部省自然科學研究費之補助，調查研究經驗頗為豐富。[41]

2、上南湖，登玉山——建立脊梁山脈構造研究基礎

一九二六年早坂一郎來臺後，領導臺北帝國大學地質學講座成員廣泛地蒐集臺灣的地質學資料並展開研究。尤其一九三六年獲得日本學術振興會之補助，執行研究計畫「臺灣脊梁山脈の地質構造」，早坂帶領講座成員赴全臺各地調查研究，迄一九三八年完成。[42]其中，助教授富田芳郎專研地形學，為了研究臺灣的地質構造與地形的發育過程，走遍臺灣各地進行地質地形調查，並曾登上南湖大山、合歡山、玉山等高山，這些調查成

果也成為其日後論著《臺灣地形發達史の研究》之研究基礎。[43] 助教授丹桂之助則致力於層位、地質構造問題之研究，且成果甚豐，僅刊登在《臺

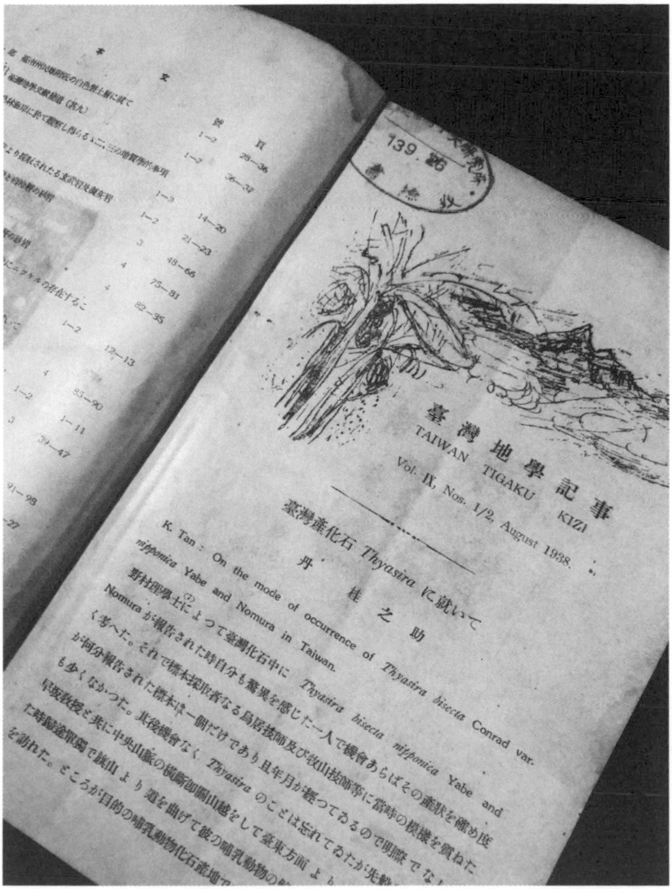
臺灣地學記事
TAIWAN TIGAKU KIZI
Vol. IX, Nos. 1/2, August 1938.

臺灣產化石 *Thyasira* に就いて

丹　桂之助

K. Tan: On the mode of occurrence of *Thyasira bisecta* Conrad var. *nipponica* Yabe and Nomura in Taiwan.

野村理學士によつて臺灣化石中に *Thyasira bisecta nipponica* Yabe and Nomura が報告された時自分も驚異を感じた一人で機會あらばその產狀を確め度く考へた。それで標本採取者なる鳥居技師及び牧山技師等に當時の模樣を質ねたが何分報告された標本は一個だけであり且年月が經つてゐるので明瞭でな……も少くなかつた。其後機會なく *Thyasira* のことは忘れてゐたが先……早坂教授と共に中央山脈の横斷御關山越をして臺東方面より……た時歸途賀田で拔山より道を曲げて彼の哺乳動物の……を訪れた。ところが目的の哺乳動物化石產地……

丹桂之助助教授關於化石的論文刊登在《臺灣地學記事》(1938)

資料提供：蠹行文化聚合古書店

[41] 〈早坂一郎先生略歷〉、〈早坂一郎先生著書論文目錄〉，收入早坂一郎先生喜寿記念事業会編，《早坂一郎先生喜寿紀念文集》（金澤：早坂一郎先生喜寿記念事業会，1967 年），頁 3、5。

[42] 富田芳郎，〈早坂先生の許に 20 年〉，收入早坂一郎先生喜寿記念事業会編，《早坂一郎先生喜寿紀念文集》，頁 4。

[43] 富田芳郎，《臺灣地形發達史の研究》（東京：古今書院，1972 年）。

灣地學記事》的論文即達五十篇，其中約六成是關於層位、地質構造、地形等之論文，一九四二年刊載在《臺灣地學記事》第十三卷之〈臺灣脊梁山脈に關する層位學的知見〉一文，更是其日後博士論文之基礎。㊹

而早坂一郎的研究範圍更加廣泛，包括臺灣的地質調查、溫泉調查、火山調查、地震等之調查研究，著有《臺灣地質寫真集》（一九三二年）、《臺灣海峽の地質學的考察》（一九三三年）、《地質學の理論と實際》（一九三五年）等書，以及〈臺灣地質鑛產圖の變遷〉（一九二八年）、〈地形及地質に現はれたる臺灣島近代地史概觀〉（一九二九年）、〈日月潭地方の地學的考察〉（一九三〇年）、〈蘇澳附近の粘板岩系中に見らる低角度斷層〉（一九三二年）、〈臺灣の泥火山に就いて〉（一九三二年）、〈臺灣地質鑛物文獻〉（一九三三年）、〈新高山の地質〉（一九三四年）、〈臺東街附近の溫泉〉（一九三九年）、〈七星山東側の爆裂火口と溫泉〉（一九三九年）、〈臺灣溫泉資料〉（一九四〇年）、〈臺灣山嶽地域の溫泉に就いて〉（一九四一年）、〈溫泉科學と臺灣の溫泉〉（一九四二年）等文，研究成果甚為豐碩。這些研究及其成果，大多是配合臺灣總督府的政策需求所作的研究，顯示該大學與現實政治間之密切關係。

㊹ 早坂一郎，〈丹桂之助博士の略伝〉，《貝類學雜誌》，第27卷第1號（1968年），頁35。

七星山東北腹の大爆裂火口。二種の熔岩流の境界が顯著で、その上までは硫氣ガスは昇つて行かぬものゝ樣である。（早坂撮影）

早坂一郎關於七星山火山口與溫泉的調查研究刊登在《臺灣地學記事》(1939)

資料提供：國立臺灣圖書館

3、地震調查與防災

以日月潭的地學考察為例，日月潭水力發電工程是一九三〇年代臺灣最大的水力發電工程計畫，該計畫自一九一九年動工，中間歷經數次的停工與復工，終於一九三四年完工。工程係以濁水溪為水源，以天然湖泊日月潭加高堰堤成為貯水湖，將湖水引至日月潭西側的門牌潭後，利用落差三二〇公尺之水力來推動發電機，進而產生十萬千瓦的電量。

早坂一郎曾於一九三〇年一月前往日月潭一帶進行地質學的考察，並於一月十五日至十七日、十九日在《臺灣日日新報》連續發表〈日月潭地方の地學的考察〉上、中、下、補遺等四篇。[45]接著，文在《臺灣地學記事》第一卷第一號（一九三〇年）發表〈日月潭附近山間盆地地域の觀察〉一文，指出日月潭一帶是盆地地形發達的區域，地質上屬於粘板岩層，且附近恰好有斷層經過，因而推論盆地的生成可能是因為斷層的拉張作用造成陷落而成。就地質學的角度來看，臺灣各地的剝蝕作用尤其顯著，進行日月潭電力工事時必須注意岩盤不安定的問題，以及對自然、人文的衝擊。[46]果然如其研究推測，工事進行期間，從堰堤下方開始漏水，即使採用補

[45] 早坂一郎，〈日月潭地方の地學的考察〉，《臺灣鑛業會報》，第159期（1930年1月），頁27-32。

[46] 同上，頁27-32。

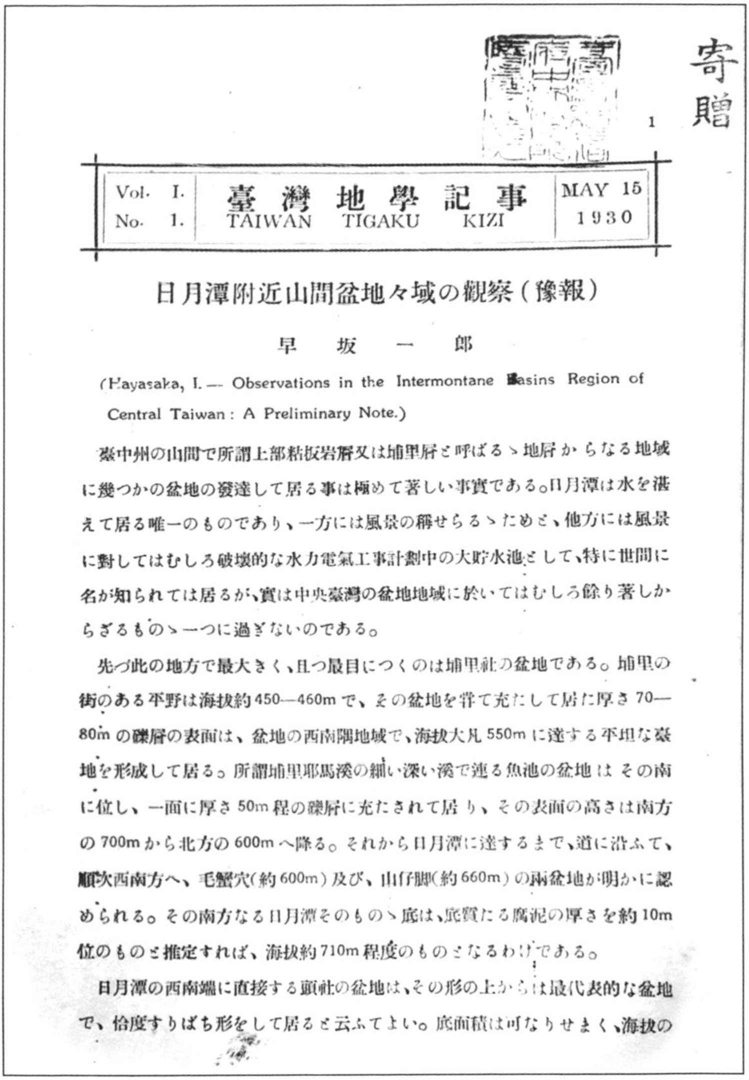

寄贈

1

Vol. I. No. 1.	臺灣地學記事 TAIWAN TIGAKU KIZI	MAY 15 1930

日月潭附近山間盆地々域の觀察（豫報）

早　坂　一　郎

(Hayasaka, I. — Observations in the Intermontane Basins Region of Central Taiwan : A Preliminary Note.)

臺中州の山間で所謂上部粘板岩層又は埔里層と呼ばるゝ地層からなる地域に幾つかの盆地の發達して居る事は極めて著しい事實である。日月潭は水を湛えて居る唯一のものであり、一方には風景の稱せらるゝためと、他方には風景に對してはむしろ破壞的な水力電氣工事計劃中の大貯水池として、特に世間に名が知られては居るが、實は中央臺灣の盆地地域に於いてはむしろ餘り著しからざるものゝ一つに過ぎないのである。

先づ此の地方で最大きく、且つ最目につくのは埔里社の盆地である。埔里の街のある平野は海拔約 450—460m で、その盆地を帶て充たして居た厚さ 70—80m の礫層の表面は、盆地の西南隅地域で、海拔大凡 550m に達する平坦な臺地を形成して居る。所謂埔里耶馬溪の細い深い溪で連る魚池の盆地は その南に位し、一面に厚さ 50m 程の礫層に充たされて居り、その表面の高さは南方の 700m から北方の 600m へ降る。それから日月潭に達するまで、道に沿ふて、順次西南方へ、毛蟹穴（約 600m）及び、山仔脚（約 660m）の兩盆地が明かに認められる。その南方なる日月潭そのものゝ底は、底質たる腐泥の厚さを約 10m 位のものと推定すれば、海拔約 710m 程度のものとなるわけである。

日月潭の西南端に直接する頭社の盆地は、その形の上からは最代表的な盆地で、恰度すりばち形をして居ると云ふてよい。底面積は可なりせまく、海拔の

早坂一郎發表〈日月潭附近山間盆地地域の觀察〉一文於《臺灣地學記事》（1930）

資料提供：蠹行文化聚合古書店

強工法也無濟於事，當時負責工事的岡田技師還祕密地到臺北市富田芳郎的家中向他請益。[47]

再以地震研究為例，臺灣位於環太平洋地震帶上，為地質構造活躍地區，地震甚為頻繁，一九三〇年十二月八日、二十二日，臺南新營連續發生六級以上的大地震，傷亡不大，但曾文區發生地裂及噴砂、臺南道路龜裂、噴砂，新營發生崖崩等現象。地震發生之際，早坂一郎曾前去實地調查，是臺灣地震進行地質學調查的第一次。早坂先於是年十二月二十四日接受《臺灣日日新報》的訪問，繼於一九三一年在《地球》發表〈昭和五年十二月臺南州下に起つた地震に就いての雜記〉一文，指出南部地震為斷層變動所致。一九三一年一月五日至十日，早坂在《臺灣日日新報》連續發表〈地震地質學から見た臺南州下の地震〉，共計六輯，進一步分析斷層的活動以及因地震而產生的噴沙、噴泥現象。

一九三五年四月二十一日，新竹、臺中發生大地震，造成嚴重傷亡。二十三日早坂就前往新竹、臺中初步勘查地震情形及災害。之後，臺北帝國大學地質學教室也接受臺灣總督府之委託，就該次地震進行研究調查。

[47] 富田芳郎，〈早坂先生の許に 20 年〉，收入早坂一郎先生喜寿記念事業会編，《早坂一郎先生喜寿紀念文集》，頁 4。

苗栗郡銅鑼庄老雞隆部落震災

資料來源：臺北帝國大學理農學部地質學教室，《昭和十年臺灣地震震害地域地質調查報告》（臺北：臺灣總督府，1936 年）。

大湖庄大湖震災

資料來源：新竹州編，《昭和十年新竹州震災誌》（新竹：新竹州，1938 年 10 月）。

早坂教授將震災地域分為三區，並將地質學教室人員及學生分為三組，每組三名，臺北高等學校地質及礦物科老師齋藤齋（東北帝國大學理科大學地質學科畢業）也來參加調查。自五月至十月的半年間，分別赴災區進行地質地變調查，最後於一九三六年提交《昭和十年臺灣地震震害地域地質調查報告》，提出水長流層作為白冷層的上覆地層。[48] 水長流層是位於白冷層以上的地層，由暗灰色到黑色的硬頁岩構成，裡面常含有海綠石或硫化鐵等礦物。水長流層的岩性十分單調，也不容易找到清楚的層準，常因褶曲或岩層的重複出現而無法確定層序。而白冷層是廣布在臺灣中部大甲溪流域谷關一帶巨厚的白色砂岩層，砂岩的層厚可以從二十公分到二公尺不等，也有呈塊狀的。北面可以延伸到大安溪和後龍溪流域，南面穿過埔里盆地和日月潭一帶，再向南延伸到南投陳有蘭溪東側上游的山地中。

另又撰述〈激震地帶の意味〉（一九三五年）、〈四月廿一日の新竹・臺中地震に就いて〉（一九三五年）、〈新竹・臺中兩州下の大地震〉（一九三六年）、〈地震地變と非地震地變〉（一九三六年）等多篇論文。其中，〈激震地帶の意味〉一文，係以地震研究所前所長、東京帝國大學教授寺田寅彥（1878-1925）的論文，說明地震強烈的破壞力，並指出一九三五年四月二十一日的中部大地震，震央在大安溪中部流域，就日治以來發生的地震型態觀之，震央通常與臺灣島的長軸方向一致；最後提出建議，指出為了防止震災，必須對地震地帶和震央實施詳細的地質調查，進行都市計畫、道路、鐵路工事時，也不能忘記進行地質調查，強調防災的重要性。[49]

當然，早坂到各地從事調查研究時，不免受到盤查，偶感困擾。例如，一九三九年八月，早坂一郎應臺東廳長佐治孝德之委託，前往當地進行紅葉谷溫泉、知本溫泉、飯干溫泉，以及知本山莊等溫泉的地質調查。結束後，向西穿越中央山脈最南的橫斷道路浸水越（東起臺東大武，越過中央山脈到屏東枋寮），北上到屏東。在車站前的小店吃午餐時，突然有巡查上前來要求看他身上的相機。之後又有一位自稱是憲兵的人來，表示當地已經被軍方納入高雄的要塞地帶，不准攝影，並詢問是何種身分、旅行目的等。早坂表示自己是應官命到臺東廳下調查，且經許可攜帶相機進入該地區。但憲兵一再表示自己是奉命行事，該地域絕對不准攝影，否則要受到刑罰。兩方僵持之下，憲兵要求早坂先出示名片，俾其交給憲兵伍長過目。於是早坂遞給他名片，並說如果有事可以與臺北帝國大學聯絡。結果

[48] 臺北帝國大學理農學部地質學教室，《昭和十年臺灣地震震害地域地質調查報告》（臺北：臺灣總督府，1936 年）。

[49] 早坂一郎，〈激震地帶の意味〉，《臺灣警察時報》，第 235 期（1935 年 6 月），頁 37-39。

對方一看名片是大學教授，立刻向早坂致歉。對此一外出調查所發生的小插曲，早坂認為憲警因認真執勤才會有此舉動，並未放在心上。㊿

4、地質學知識的普及

值得一提的是，早坂一郎受到其恩師矢部長克教授的影響，也致力於地質學知識的普及。戰前的學界趨勢幾乎為學院派所席捲，並沒有所謂普及的意識，但作為學院派代表的矢部教授卻頗熱中於在從事深入的專門研究之前，先撰述教科書及普及書。早坂受其影響，也出版《地と人》（一九二六年）、《地史學》（一九三一年）、《隨筆地質學》（一九三五年）、《古生物學序論》、《石炭紀・二疊紀》、《化石の世界》等書，介紹地質學史、相關人物及其主要業績、世界地質學的經典論著等，藉資推廣普及。51

一九三〇年，早坂主導創設臺灣地學會，會員為在臺的地質學、地理學同好者，包括臺北帝國大學助教授市村毅、丹桂之助、富田芳郎、總督府鑛務課技師市川雄一、鳥居敬造、六角兵吉、大江二郎、牧山鶴彥、官

㊿ 早坂一郎，〈臺東街附近の溫泉〉，《臺灣地學記事》，第 10 卷第 3 期（1939 年 10 月），頁 87-95；早坂一郎，〈警官と憲兵と教授〉，《角礫岩のこころ》，頁 97-100。

51 長田敏明，〈早坂一郎——日本における現在主義の古生物學の先驅者〉，《地球科學》，第 60 卷（2006 年），頁 515。

早坂一郎著作

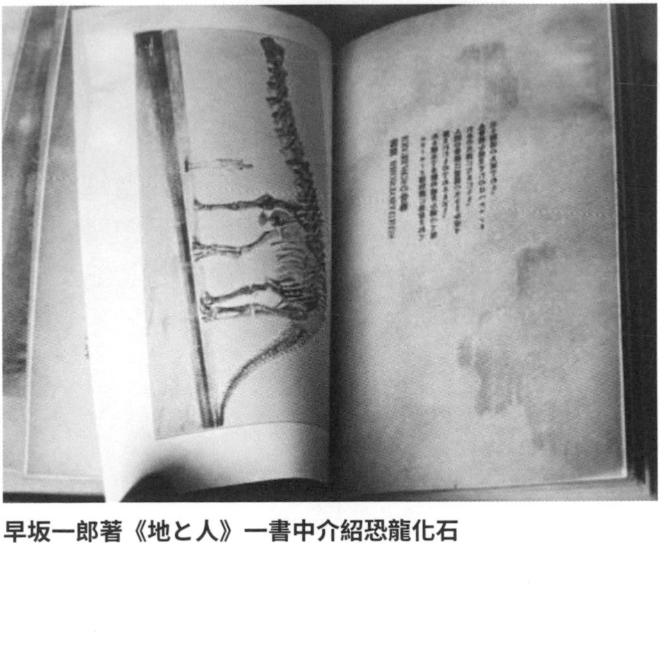

早坂一郎著《地と人》一書中介紹恐龍化石

房調查課統計官原口竹次郎、臺北高等學校教授三尾良次郎、臺北第一中學校教諭赤嶺日高、臺北第二師範學校教諭堀川安市、臺中師範學校教諭三浦唯宣、臺南師範學校教諭伊師淳一，以及中央研究所工業部技手國府健次、臺灣山岳會總幹事沼井鐵太郎等。該會的事務所設在臺北帝國大學理農學部地質學教室，主要的事業有舉辦談話會、見學調查旅行，以及刊行《臺灣地學記事》等。其中，談話會每月一次在臺北帝國大學地質學教室舉辦，由會員報告赴各地進行地質踏查報告或研究發表。見學調查旅行為不定期舉辦。[52]

而《臺灣地學記事》為一月刊，登載臺灣地質調查文章，以及其他地質相關文章，藉資交流、普及地質知識。迄一九四三年，計刊行十四卷。《臺灣地學記事》幾乎每一期都會刊載早坂一郎赴各地的地質踏查記錄或研究成果，包括〈基隆川の溪谷に就いて〉（一九三〇年）、〈蘇澳灣に腕足類 *Craniscus* の產出する事に就いて〉（一九三一年）、〈臺灣の泥火山に就いて〉（一九三二年）、〈澎湖諸島の地質資料〉（一九三三年）、〈臺灣第三系中の或カキ層について〉（一九三四年）、〈彰化市八卦山貝塚に產する貝類に就いて〉、〈臺北市西新庄子貝塚の貝類〉、〈臺灣

[52] 一編輯生，〈地學談話會を傍聽して〉，《臺灣鑛業會報》，第 159 期（1930 年 1 月），頁 25-26；〈臺灣地學會の設立に就いて〉，《臺灣鑛業會報》，第 168 期（1932 年 2 月），頁 74-76。

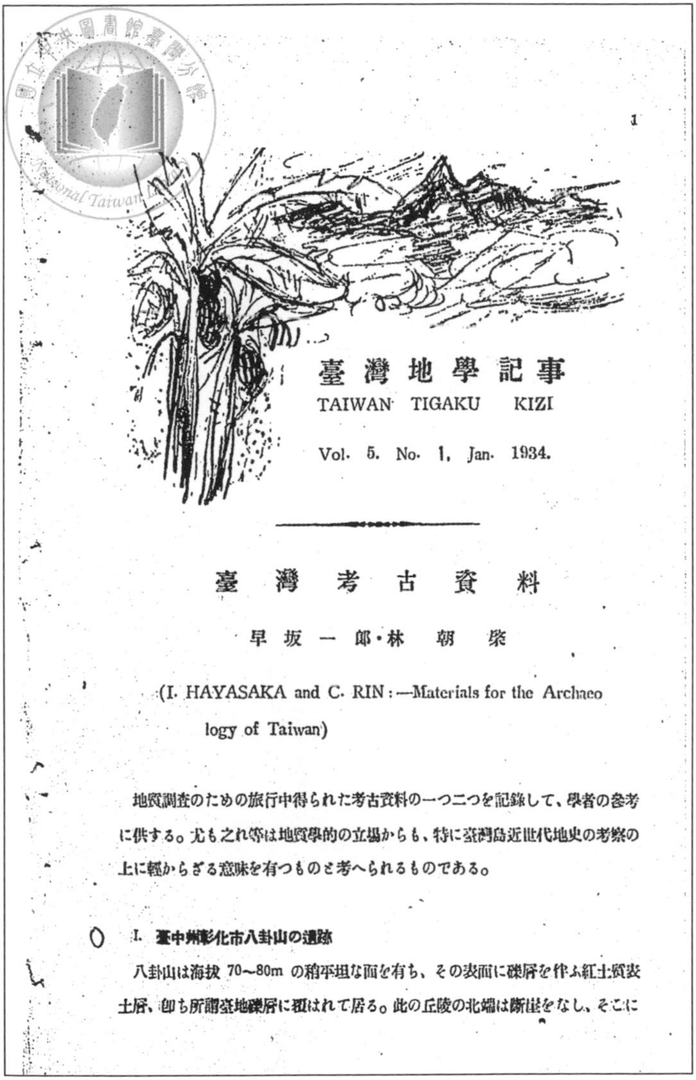

1

臺灣地學記事
TAIWAN TIGAKU KIZI

Vol. 5. No. 1, Jan. 1934.

臺灣考古資料

早坂一郎・林朝棨

(I. HAYASAKA and C. RIN :—Materials for the Archaeology of Taiwan)

地質調査のための旅行中得られた考古資料の一つ二つを記錄して、學者の參考に供する。尤も之れ等は地質學的の立場からも、特に臺灣島近世代地史の考察の上に輕からざる意味を有つものと考へられるものである。

I. 臺中州彰化市八卦山の遺跡

八卦山は海拔 70～80m の稍平坦な面を有ち、その表面に礫層を伴ふ紅土質表土層、卽ち所謂臺地礫層に被はれて居る。此の丘陵の北端は斷崖をなし、そこに

早坂一郎與林朝棨合著之〈臺灣考古資料〉（1934）

資料提供：國立臺灣圖書館

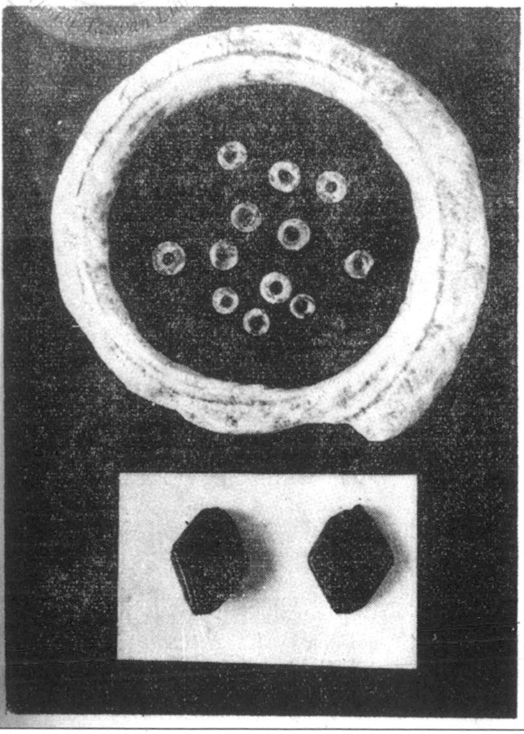

八卦山產遺物三種(實大)

大きな輪に Conus の頂部を切つて磨いてつくつたもので、その內側は貝殼の beeds である。下方のものに瑪瑙でつくつた裝飾品で、此の圖では上下に當る方向(長軸の方向)に孔が貫いて居る。

早坂一郎與林朝棨合著之〈臺灣考古資料〉(1934)一文中所採集到的八卦山產遺物三種

資料提供：國立臺灣圖書館

考古資料〉（以上三文均為與林朝棨合著，均為一九三四年刊載）、〈四月廿一日の新竹・臺中地震に就いて〉（一九三五年）、〈彭佳島（アジンコ—ト島）〉（一九三六年）、〈臺南州民雄附近の白色磐土層（Clay Pan）に就いて〉（一九三八年）、〈七星山東側の爆裂火口と溫泉〉、〈臺灣の地下增溫率について〉（以上兩文為一九三九年刊載）、〈臺北市近郊產化石クモヒトデ〉（一九四〇年）、〈ウライ（烏來）溫泉に於ける1、2の觀察〉（一九四一年）、〈臺灣產 *Pictothyris*〉（一九四二年）、〈臺灣產化石腕足類〉（一九四三年）等文，[53] 可見早坂一郎頗勤於研究調查並作分享，對於地質、地理學知識的交流、普及，裨益甚大。

[53] 〈早坂一郎先生著書論文目錄〉，收入早坂一郎先生喜寿記念事業会編，《早坂一郎先生喜寿紀念文集》，頁 5-7。

（三）天然記念物、國立公園的指定

1、天然記念物的指定

早坂一郎是臺灣博物學會會員，也是臺灣總督府史蹟名勝天然記念物調查會委員。臺灣博物學會成立於一九一〇年十二月，旨在促進動植物、地質、礦物等博物學關係者之研究交流。[54]翌年三月起，並發行《臺灣博物學會會報》，以刊載臺灣動植物、鑛物學、地學、氣象學等研究論述為主。[55]而臺灣博物學會所舉辦之事業中，最值得大書特書的是促成臺灣史蹟名勝天然記念物保存事業的發展。

日本於一九一一年初仿效歐美各國設置史蹟名勝天然記念物保存協會，並於一九一九年四月經日本帝國議會通過《史蹟名勝天然記念物保存法》，對其國內的史蹟、自然物等進行保護。對此，臺灣的有識之士金平亮三、澤田兼吉、岡本要八郎等以臺灣的自然景觀、動植物相等皆與日本國內不同，由是呼籲當局保護臺灣史蹟名勝天然記念物之必要，並由臺灣博物學會發起行動。終於一九三〇年三月公布《史蹟名勝天然記念物保存法》，並於十二月組織史蹟名勝天然記念物調查會，辦理有關調查、保存事宜。該調查會由總務長官人見次郎擔任會長，並延聘總督府官員或學識經驗豐富之學者專家擔任委員，包括村上直次郎、素木得一、中澤亮治、工藤祐舜、移川子之藏、平坂恭介、早坂一郎、日比野信一、青木文一郎等十九人。[56]

迄一九四五年八月止，總督府曾分別公告史蹟名勝二十九項、天然記念物十九項。天然記念物計分為動物、植物，以及地質礦物三類，其中地質礦物一類共指定四項，包括海蝕石門（臺北州淡水郡石門庄）、泥火山（高雄州岡山郡燕巢庄）、北投石（臺北州七星郡北投庄）、貝化石層（新竹州竹南郡後龍庄過港）等。除北投石外，均係根據早坂一郎之調查報告並經其推薦、指定者。

茲以海蝕石門、泥火山為例，兩者皆係一九三三年獲臺灣總督府指定為天然記念物，且皆係由早坂一郎調查、推薦並獲得指定。海蝕石門獲得指定的理由，據早坂一郎的調查指出：「石門庄的石門位於大屯山彙的北邊，海道段丘之斷片岩塊，此岩塊受波浪之侵蝕造成岩石裂罅不均，進而將岩塊的中央部分侵蝕貫通。岩塊為火山性的凝灰質砂岩與集塊岩所組

[54] 〈臺灣博物學會第一年事業一覽〉，《臺灣博物學會會報》，第5號（1912年1月），頁附1-3。

[55] 素木得一，〈創立十周年に際して〉，《臺灣博物學會會報》，第51號（1920年12月），頁220-221。

[56] 〈臺灣史蹟名勝天然記念物保存に對する再建議書〉，《臺灣博物學會會報》，第88號（1927年2月），頁88；佐佐木舜一，〈臺灣史蹟名勝天然記念物（特に天然記念物）保存に就ての考察〉，《臺灣山林會報》，第45期（1930年5月），頁2-13。

成，含有許多人頭大或拳頭大的安山礫岩之脆弱岩，故容易受到波浪的侵蝕作用。現在石門的基座底部有海平面數公尺之高，滿潮時亦沖擊不到。石門形成的時代，其海面高度比今日還高；換言之，石門受侵蝕後，陸地相對地上升隆起而露出地面。臺灣全島海岸地帶最近在地質學上相對隆起的例子甚多，例如海岸段丘隆起珊瑚礁等。」57 而泥火山獲指定的理由，據早坂一郎的調查指出：「泥火山是蓄積在地底下的泥漿和瓦斯，受到潛在壓力而衝出地表的現象；其衝出的通路都選擇在鬆軟的岩層，如頁岩地帶，噴出後，泥漿殘存在噴出孔周圍而形成錐狀小丘，類似地上的錐狀火山，故稱為泥火山。這種非火山性的泥火山在臺灣南部數量不少，在地質構造及石油地質上甚受重視。」選擇高雄州岡山郡燕巢庄滾水坪泥火山作為保護地點，理由是其在泥火山中規模較大，且活動頻繁，時有天然氣和泥漿噴出；又該處位在高雄州岡山郡燕巢庄的臺灣製糖株式會社所有地內，有糖業鐵道可供利用，交通便利，因此作為保存、學術及教育上的天然記念物最為適當。58

又，新竹州竹南郡後龍庄過港貝化石層係經早坂一郎、丹桂之助的調查，於一九三五年獲臺灣總督府指定為天然記念物。早坂一郎的調查指出：「從新竹州苗栗街附近到西邊海岸的地域，恰好位在臺灣鐵道山線與海岸線之間的臺地，從最高海拔二百公尺逐漸向西下降到五十公尺。構成該地域之地質基盤是所謂的『苗栗層』，其岩石種類，主要是柔軟的砂岩、砂質頁岩、泥板岩等，部分岩石中以交錯層型態存在。整體而言呈現青灰色，在風化面，岩層的區別常常無法判斷。在此層序之內，有時厚達十五至三十公分的礫層介於其中。這表示細粒的苗栗層逐漸往粗粒的礫層變遷的形勢。或許就是向所謂『觸口山層』又稱『頭嵙山層』的移過層。苗栗臺地大致呈北東─南西的走向，成十度傾斜，形成背斜及向斜的構造，化石的種類以海棲貝類為主，亦產有少許的海膽類、珊瑚類等。天然記念物的保存地點位在過港隧道的西側急斜面，恰好位在白沙屯車站與公司寮（今龍港）車站的中間，那裡露出砂岩和頁岩（泥板岩）的互疊層，由於一部分含有豐富的鐵成份，增加對岩石風化作用的抵抗力，呈現特殊的相貌。」

㊾在地質學及古生物學研究上具有重大意義，因而獲指定為天然記念物。

㊼ 早坂一郎，〈海蝕石門〉，收入臺灣總督府內務局編，《天然記念物調查報告》，第二輯（臺北：臺灣總督府內務局，1935 年），頁 1-2。

㊽ 早坂一郎，〈臺灣の泥火山に就いて〉，《地學研究》，第 2 卷第 2 期（1932 年 3 月），頁 1-7；早坂一郎，〈泥火山〉，收入臺灣總督府內務局編，《天然記念物調查報告》，第二輯，頁 2-13。

㊾ 早坂一郎、丹桂之助，〈新竹州白沙屯附近貝化石產地の地質概要〉，《臺灣地學記事》，第 5 卷第 3 期（1934 年 5 月），頁 37-42；早坂一郎，〈貝化石層〉，收入臺灣總督府內務局編，《天然記念物調查報告》，第二輯，頁 19-29。

2、國立公園的指定

除了史蹟名勝天然記念物的指定外，早坂一郎對臺灣國立公園的設立，也有不少構想。一九三三年六月，臺灣總督府設置國立公園調查會，[60]開始研究在臺設立國立公園之相關事宜。就此，早坂曾檢討日本內地的國立公園，得出「應誇耀我國天下之勝景的，大部分是火山景觀」的結論，而「在我臺灣，有在內地無法比擬的水成岩（粘板岩及砂岩等）生成的高山有很多」。在山岳風景中，具有差異性的，第一是阿里山新高山，第二是太魯閣峽谷，可設立為國立公園。[61]

而後他因擔任史蹟名勝天然記念物調查會委員，並從事調查活動，因而注意到臺灣南部的熱帶風景地。尤其一九三五年獲總督府指定為天然記念物的熱帶性海岸原生林、毛柿及榕樹林兩項，均位在屏東恆春鵝鑾鼻，[62]引起早坂一郎的注意。早坂表示鵝鑾鼻「作為我國最南端的突角，我國最南端的燈塔所在地而聞名，經常有人造訪之處，其特殊的風景頗令人驚豔」，而其地形有平坦的地盤、珊瑚礁、珊瑚礁石灰岩的洞窟，以及喀斯特地形（karst topography，又稱溶蝕地形、石灰岩地形）。[63]從史蹟名勝

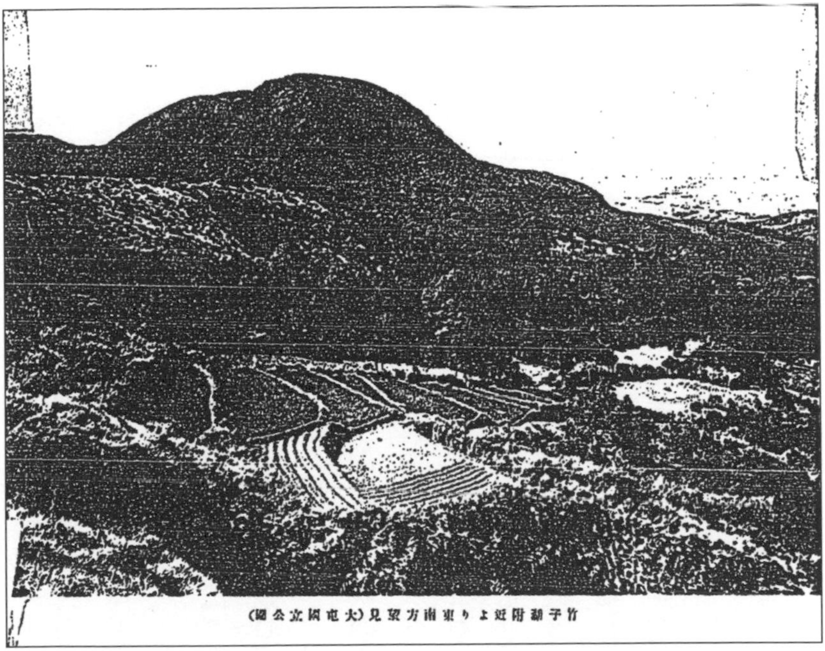

從竹子湖附近望過去的大屯國立公園

資料來源：國立公園協會編，《臺灣の國立公園》（臺北：國立公園協會，1939 年）。

60 「國立公園調查會規程制定」（1933 年 06 月 30 日），《臺灣總督府府（官）報》，國史館臺灣文獻館，典藏號：0071031848a009。

61 早坂一郎，〈本邦國立公園の自然地理〉，《臺灣地學記事》，第 1 卷（1933 年），頁 6-9。

62 〈臺灣の史蹟名勝天然紀念物〉，《科學の臺灣》，第 4 卷第 3 期（1936 年 6 月），頁 42-45。

63 早坂一郎，〈鵞鑾鼻地方に見らるる地質現象の二三〉，《科學の臺灣》，第 3 卷第 3、4 期（1935 年），頁 1-8。

天然記念物的調查、指定經驗，早坂認為「簡單地說，國立公園便是以保存大自然為要點」。[64] 其後，早坂獲聘為臺灣國立公園委員會委員，在國立公園的指定上，不但更重視保存，並主張在臺灣南部設置國立公園。

一九三五年以敕令第二七三號公布將日本的《國立公園法》施行於臺灣，同時設立臺灣國立公園委員會，由總督中川健藏、總務長官平塚廣義分任正、副會長，臺北帝國大學總長幣原坦、教授日比野信一、早坂一郎獲任命為委員。[65] 同年，總督府即指定大屯、新高阿里山、次高太魯閣等三處為國立公園候補地。一九三六年二月，總督府召開第一次臺灣國立公園委員會，首由中川總督、內務局長小濱淨鑛分別說明國立公園設置的目的及經過，接著進行第一號議案「關於國立公園候補地之決定」之審議，參加委員對候補地選定尚有疑義，也希望能減少國立公園的數量，早坂一郎即是其中之一，他認為新高阿里山、次高太魯閣兩處候補地為相似的山岳地帶，兩處擇一即可。此一提案，獲得其他委員的贊同，但委員兼幹事田村剛以九州的土地面積與臺灣相似，其設有三處國立公園，因此在臺灣設立三處國立公園尚稱適當。

[64] 早坂一郎，〈臺灣の國立公園〉，《臺灣博物學會會報》，第26卷第151期（1936年4月），頁182-189。

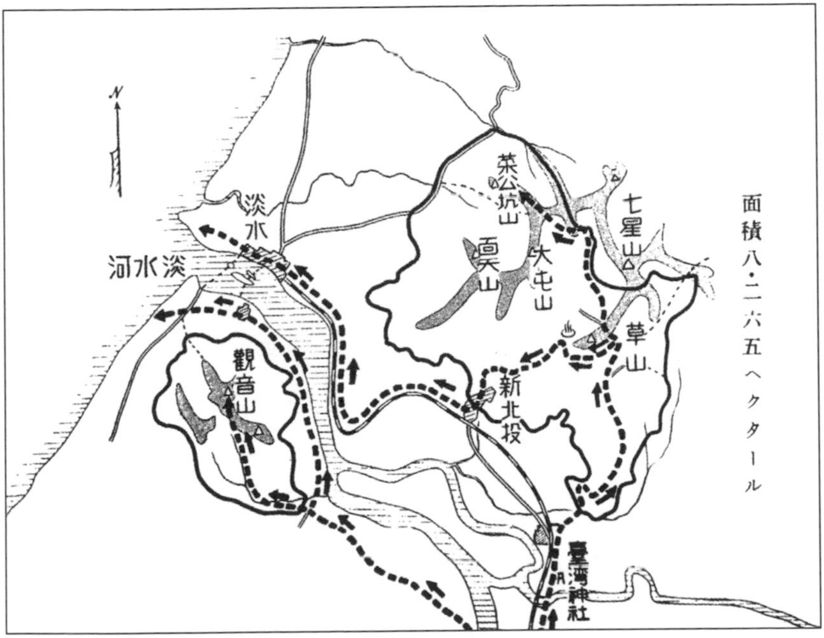

大屯國立公園

資料來源：岡田紅陽，《臺灣國立公園寫真集》（臺北：臺灣總督府內務局土木課內臺灣國立公園協會，1939 年）。

資料提供：國立臺灣圖書館

⑥⑤ 「昭和十年勅令第二百七十三號中國立公園法ニ關スル部份及臺灣國立公園委員會官制ノ施行期日」（1935 年 10 月 20 日），《臺灣總督府府（官）報》，國史館臺灣文獻館，典藏號：0071032522a001；「早坂一郎臺灣國立公園委員會委員ヲ命ス」（1935 年 10 月 01 日），《臺灣總督府檔案》，國史館臺灣文獻館，典藏號：0001008430-2X012。

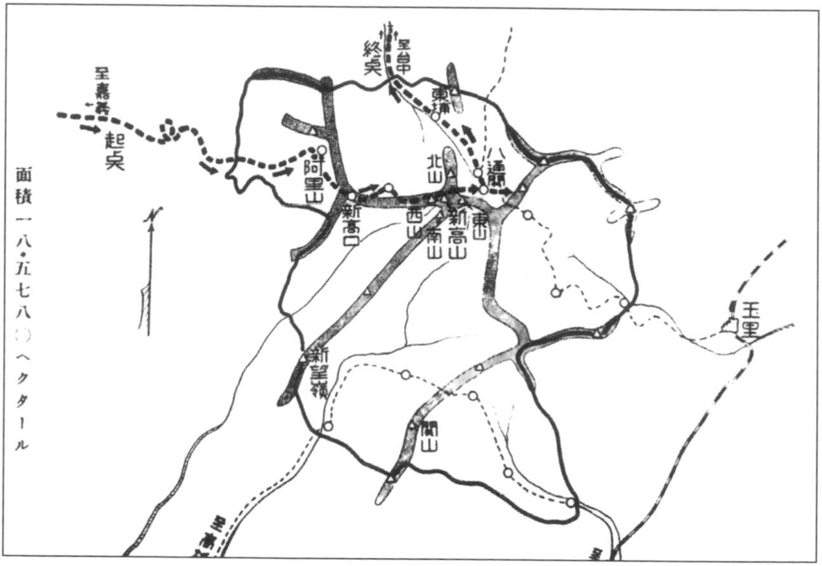

新高阿里山國立公園

資料來源：岡田紅陽，《臺灣國立公園寫真集》（臺北：臺灣總督府內務局土木課內臺灣國立公園協會，1939 年）。
資料提供：國立臺灣圖書館

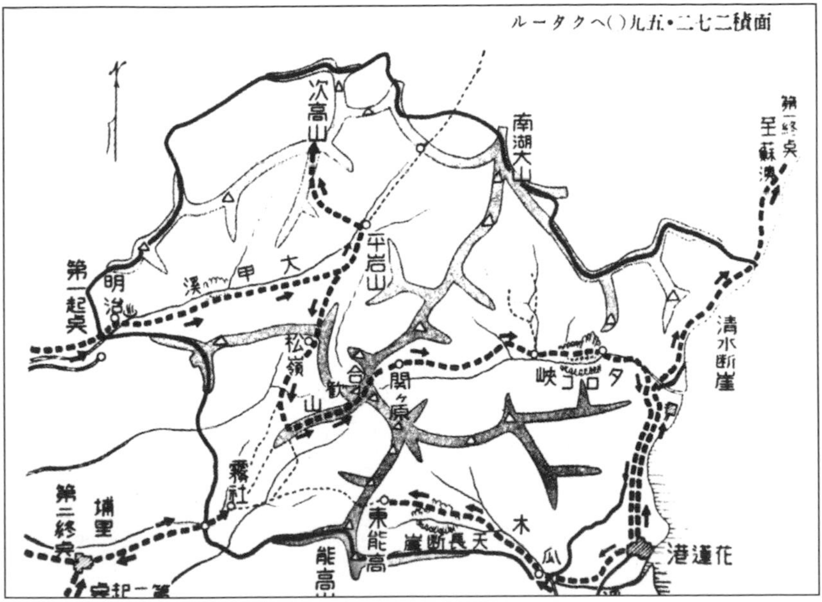

次高太魯閣國立公園

資料來源：岡田紅陽，《臺灣國立公園寫真集》（臺北：臺灣總督府內務局土木課內臺灣國立公園協會，1939 年）。

資料提供：國立臺灣圖書館

接著，早坂提出臺灣國立公園的設置應考量其特異性，選出讓內地來的觀光客認為是來臺灣一定要看的風景、景觀；而位在臺灣南部、擁有美麗珊瑚礁的鵝鑾鼻及廣袤地域的恆春半島一帶，具有熱帶臺灣地理特徵的熱帶景觀，應列入國立公園。[66] 此一建議，得到日比野教授的支持，認為此一熱帶的景觀是臺灣最具特色之處。但委員兼幹事、內務局長小濱指出為了讓國民具有剛健思想並增進體育，內地的國立公園大多選定山岳地帶，臺灣代表性的風景概為山岳，又因為氣候炎熱，考量山岳較為涼爽，不局限在這三處。但是日比野教授主張不只是將雄偉的、傑出的且富變化的風景地設為國立公園，也必須充分保護世界性貴重的天然物及天然現象。幣原坦總長同意其意見，指出國立公園如果沒有特異性，就不具深刻意義。同時也應考量設置之最初精神，即保存天然有益物。但田村幹事以內地的國立公園以選擇對國民保健非常有效的大規模之物為大體方針，並非連天然記念物或名勝地、觀光地也包含在內。

對於田村的回應，早坂教授頗不以為然，指不只是學術性的價值，漫步恆春半島的臺地也有助於身體訓練，鵝鑾鼻作為觀光地也頗有人氣，北海道例如大雪山將其地域特徵的冰河地形作成國立公園，臺灣是否也應該將熱帶性特徵公開呢？總督府對其意見並未明確回應，最後決定照原案的三候補地通過。[67]顯然的，臺灣國立公園的選定係以作為代表日本的風景地被選定，而未考慮臺灣地景之特異性並給予保護。

新高主山（新高阿里山國立公園）

資料來源：國立公園協會編，《臺灣の國立公園》（臺北：國立公園協會，1939 年）。

[66] 早坂一郎，〈鵞鑾鼻地方に見らるる地質現象の二三〉，《科學の臺灣》，第 3 卷第 3、4 期（1935 年），頁 1-8。

[67] 早坂一郎，〈臺灣の國立公園事業に對する希望〉，《臺灣の山林》，第 123 期（1936 年 7 月），頁 238-241。

對於國立公園委員會所作之結論，早坂在其後提出一些批判。他表示從學術性視角來看，臺灣國立公園的選定有其學術性考究不足之處，應該接受來自將來國民的批評，尤其儘管各方面學者極力主張日本帝國臺灣最具特色的是熱帶性景觀，仍完全不被考慮，頗感到遺憾。一九三六年四月，早坂一郎撰述〈臺灣の國立公園〉、〈恒春半島を熱帶國立公園に〉兩文，主張再追加恆春半島為國立公園。其認為應在大日本帝國唯一的熱帶地恆春半島增設國立公園，範圍從臺東到屏東、高雄一線以南之鵝鑾鼻一帶、熱帶全部區域，包括大武山等高山。這是為了將來的國民而保存，也是為了一般民眾之娛樂有必要之種種設施，其後從植物學、動物學專家的角度，也以其特殊相之故，而獲得不小的迴響，日比野教授認為大武山至恆春方面由硓𥑮石形成的丘陵為一獨特的景觀與風致，且有四重溪溫泉與琉球嶼，成立大規模的國立公園並非不可能。[68] 不過早坂一郎等人的構想並未被採納，一直到一九八二年墾丁國家公園成立才獲得落實。

（四）南方研究

1、汎太平洋學術會議

一九三〇年代前後，日本為推進其南進政策，開始投入大量的人力、物力資源，針對南方地域展開地質學調查研究。

早坂一郎關於南方地質之研究調查，始於一九二九年五月應邀到爪哇（Java）參加第四屆汎太平洋學術會議（The Pan-Pacific Science Congress）。五月十六日上午，會議在巴達維亞（Batavia，今印尼首都雅加達）舉行開幕式，由戈登諾爾（Goternor）將軍主持，他首先代表荷蘭和印度政府表達衷心感謝之意，並指出此次會議旨在由遠離政治的科學家們來解決太平洋地區的問題。會議的總主席達睿思（DeVries）則指出，此次會議最大的價值，就是結合西方的科學與東方的智慧，以不同的表達方式和不同的思維方式，呈現出人類和平友好的氛圍。會議主題是南洋的地質，除了蘭領地區的地質學者之外，美國、加拿大、法國、英國、中國、菲律賓、澳大利亞、紐西蘭等國家的地質學大家也都與會，頗呈盛況。[69]會後並安排地

[68] 早坂一郎，〈臺灣の國立公園〉，《臺灣博物學會會報》，第 26 卷第 151 期（1936 年 4 月），頁 182-189；早坂一郎，〈恒春半島を熱帶國立公園に〉，《臺灣農林新聞》，第 5 期（1936 年 4 月），頁 3。

[69] SCIENCE CONGRESS OPENED IN JAVA, “The Sydney Morning Herald”,1929May 18,TROVE, https://trove.nla.gov.au/newspaper/article/16570790#（2023 年 2 月 5 日點閱）。

SCIENCE CONGRESS.

OPENED IN JAVA.

BANDOENG, May 16.

The Pan-Pacific Science Congress was opened at Batavia this morning by the Governor-General, who on behalf of the Dutch and Indian Governments expressed gratitude that a congress which aimed at the solution of Pacific problems by scientists who abstained from politics should be held in Java.

The general president of the congress, Dr. De Vries said: "It seems to me one of the most valuable prerogatives of our congresses, where Western science mingles with Eastern wisdom and patience, that human beings with different forms of expression, with divergent methods of thinking and feeling, meet under the influence of so peaceful and friendly an atmosphere."

Representatives of America, Australia, Canada, China, France, Hawaii, Britain, Japan, New Zealand and the Philippines are attending the congress.

第四屆汎太平洋學術會議（The Pan-Pacific Science Congress）報導

資料來源：SCIENCE CONGRESS OPENED IN JAVA,“The Sydney Morning Herald”, 1929May 18,TROVE, https://trove.nla.gov.au/newspaper/article/16570790#（2023 年 2 月 5 日點閱）。

質見學旅行，前往蘇門答臘、東印度群島東端的帝汶（Timor）島視察、採集資料等，與各國的學者專家齊聚一堂，機會難得，是一場相當隆重盛大的國際學術交流。

當時臺灣總督府官房調查課一直想進行南支南洋[70]一帶的地質、鑛物調查，卻苦無合適人選，得知早坂教授此次將出席汎太平洋學術會議，遂委託他在當地進行南洋諸島之地質、鑛物及鑛業相關制度之調查。返臺之後，早坂將此次調查結果撰述為〈テイモール（帝汶）島の瞥見〉（一九三一年）一文，指出此行來參加第四屆汎太平洋學術會議，對他裨益甚大。多年來，在臺灣從事研究，深知臺灣的地質現象與日本內地有明顯的不同，而來到真正的熱帶世界觀察其自然地質後，尤見各國殊異之處，有必要作一說明。況且，他是第一位到訪帝汶島的日本科學家，雖然對於帝汶島的白堊地形早有印象，但藉由此次參加會議的機會，印象更加深刻。此次到帝汶島的目的是進行地質學調查，也帶回不少材料，之後必須花許多時間加以整理研究。本文係介紹在帝汶島上所見的人情、風俗等，俾作為南方土俗研究者之參考。[71]

[70] 按 1935 年臺灣總督府官房調查課編印之《臺灣と南支南洋》一書中，界定「南支」係指中國華南地區之福州、廈門、汕頭、廣東等日本領事館所轄區域。「南洋」係指以馬來群島為中心，包括菲律賓、英領婆羅洲、荷屬印尼、荷屬帝汶，以及法屬印度支那、暹羅、英屬馬來等。至於「南方」一語，則係 1941 年太平洋戰爭之後，日本對東南亞、南太平洋諸島的通稱。

[71] 早坂一郎，〈テイモール島の瞥見〉，《南方土俗》，第 1 卷第 1 期（1931 年 3 月），頁 45。

帝汶島的土人部落

資料來源：早坂一郎，〈テイモール島の瞥見〉，《南方土俗》，第 1 卷第 1 期（1931 年 3 月），頁 47。

資料提供：國立臺灣圖書館

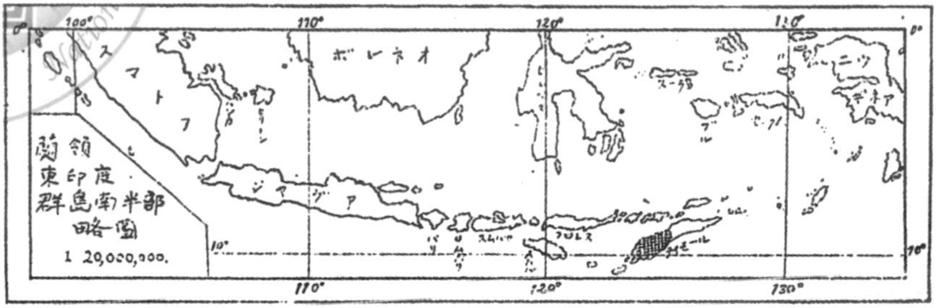

帝汶島位置圖

資料來源：早坂一郎，〈テイモール島の瞥見〉，《南方土俗》，第 1 卷第 1 期（1931 年 3 月），頁 49。

資料提供：國立臺灣圖書館

2、南太平洋帝汶島之見聞

帝汶島的面積約兩萬八千平方公里，比臺灣本島的面積稍小，島的東半部以及西半部的中央北端海岸地的小部分屬於葡萄牙，西半部的大部分屬於荷蘭。該島因位於兩個地殼弱帶，即印尼島弧和澳洲板塊相交之處，推測地質上屬於不安定的地點。又，該島的地質構造頗為複雜，例如蘭領帝汶（按：西帝汶）中央部附近不但可以看到露出的古生代的上部、三疊紀層、白堊紀層等，也能看到散在各處的新生代第三紀的標準化石貨幣石（Nummulite）及其他有孔蟲類等大小化石碎片。中生代之內甚多顯現出極為複雜的褶曲。這些岩石的基底，明顯是白堊層。其本來是珊瑚礁，因為陸地隆起而暴露出來，這隆起的珊瑚礁石灰岩（即白堊），最高的位置在離海平面一二〇〇至一三〇〇公尺左右。簡言之，帝汶島是一塊被白色粗鬆的厚石灰岩所覆蓋的土地，可以想像其生活受到這種特殊地文的影響很大。[72]

早坂教授從帝汶島採集了五十多個化石回來，這些化石大都是二疊紀腕足類化石的標本，是從附近的地層中由風化沖洗而分離出來的，保存狀況頗佳。一九三六年早坂教授要出國一年進行海外研究調查，遂將這些化

[72] 「早坂一郎（囑託；勤務）」（1929 年 04 月 01 日），〈昭和四年四月至六月判任官以下進退原議〉，《臺灣總督府檔案》，國史館臺灣文獻館，典藏號：00010221036；早坂一郎，〈テイモール島の瞥見〉，《南方土俗》，第 1 卷第 1 期（1931 年 3 月），頁 45-58。

石標本交給臺北帝國大學地質學教室的學生顏滄波（1914-1994）[73] 作鑑定。顏滄波在此之前未曾學過腕足類，於是先找相關的研究論文作參考，才對腕足類的分類及研究方法有了大致的了解，接著依化石的大小和外貌作初步的分類。再來是觀察化石的內部構造，由於早坂教授同意在必要時可以犧牲一、二個標本，於是從標本中選出中間群保存較差的標本兩個，在岩石薄片製作室的鐵板上，由口而垂直於兩殼的方向開始磨一磨，每磨一公釐就作紀錄，因為標本的高度約有三公分，所以磨完一個標本要好幾天的時間，相當辛苦。最後將各斷面圖累疊而繪製其立體圖，得到非常漂亮的loop（環）的形狀。目前若干標本還保存在臺灣大學地質系。[74]

3、華南、海南島之地質地理調查

一九三七年中日戰爭爆發後，臺灣成為日本南方作戰的重要基地，臺北帝國大學地質學研究方向也隨之改變，轉為以南方戰略礦物之調查研究為主。同年，理農學部增設地質學第二講座，早坂一郎續任第一講座教授，市村毅升任第二講座教授。一九三八年早坂一郎獲聘為南支方面進出者養成講習會講師，負責講授南支的地理。同年底，趁赴中國華中、華北旅行

❼ 顏滄波（1914-1994），基隆人，為臺陽礦業社社長顏國年的次子。1935 年進入臺北帝國大學理農學部地質學講座就讀。原來顏滄波已申請進入農藝化學科，但在早坂一郎教授的建議下，才轉到地質學科。1938 年 3 月畢業後，先留校任地質學教室副手。同年秋，轉任臺陽礦業公司調查課工手，負責九份金山、礦山等的地質礦床調查及評價。1941 年太平洋戰爭爆發後不久，北京大學地質系教授富田達透過北京師範大學教授林朝棨寫信來問是否有意到北京大學任教？顏滄波遂於 1942 年轉任北京大學地質系副教授。 1946 年返臺後，任職臺灣省地質調查所（今經濟部中央地質調查所），兼任臺灣大學教授。1954 年以論文〈臺灣變質岩的研究〉獲得北海道大學理學博士學位。1974 年 8 月辭去臺灣省地質調查所，專任中央大學教授，迄 1984 年退休。顏滄波主要研究臺灣的礦物、岩石、溫泉及礦床的調查。晚期更引進地球物理方法進行地質構造研究。編著有《臺灣之煤》、《臺灣地質文獻目錄》、《地球物理學在臺灣》等書。顏滄波教授回憶錄編輯小組，《地質生涯一甲子：臺灣地質調查先驅顏滄波教授》（臺北：中華民國鑛業協進會，2008 年）。

❼ 顏滄波教授回憶錄編輯小組，《地質生涯一甲子：臺灣地質調查先驅顏滄波教授》，頁 27-28。

期間，順道調查、蒐集華南地區之地質、鑛產相關資料，繼發表〈福建省の鑛物資源一瞥〉（一九三八年）、〈福建、廣東、廣西三省地質鑛產文献集〉（一九三九年）、〈南支那の地質と地下資源の一瞥〉（一九三九年）等文。其中，〈南支那の地質と地下資源の一瞥〉一文，旨在說明中國南方的地質和地下資源。其指出一九三七年中日戰爭爆發以來，日人對中國的認識頗為迫切，尤其是對中國礦產資源的認識，是作為南支南洋基地臺灣的重要使命；而中國南方的福建、廣東、廣西三省的地質，擁有重要的金屬礦物砂金，以及非金屬礦物煤、石炭、石油等，進而呼籲臺灣對華南資源之開發具有使命，必須對地質作系統性的基礎調查。[75]

其次，海南島的地質調查研究，也是南方研究的重要一環。一九三八年五月，日軍占領廈門後，臺北帝國大學地質學教室曾前往進行廈門島的溫泉調查、金門島的地質調查等。[76]隔（一九三九）年二月，日軍占領海南島，初由東京帝國大學組團前往學術調查，而臺北帝國大學雖曾爭取派團前往，卻遭日本軍部以組團太過龐大，恐會造成軍事行動之障礙，且治安未臻安靖為由予以婉拒。一九四〇年三月早坂一郎接任理農學部部長後，於七月派員與日本軍部協商，終於促成臺北帝國大學兩度組團赴海南島調查。

一九四一年二月臺北帝國大學組成第一次海南島學術調查團，分為生物學、農學及地質學三班，尤以地質學班最重要。因日本占領海南島，首要目的即在攫取以鐵礦為主的資源，因此地質學班的調查研究顯得更為重要。該班由早坂一郎任班長，成員包括市村毅、富田芳郎、丹桂之助、顏滄波、北野龍一等五人，不但視察島上的銅、鐵礦床以及溫泉，也視察各地的地質地形，前後約一個半月時間，並於一九四二年提出報告書。其中，早坂一郎〈海南島の地質について〉一文，記錄了調查班在海南島各地進行地質勘查之情況，以及採集岩石礦物作分析的過程；市村毅〈岩石及び鑛物〉一文，則參考向來的研究文獻，加上此行所採集的標本加以分析，發現海南島的地質構造中最多的是火成岩，其最高峰五指山即是；南部及島中心大多是花崗岩；北部則是安山岩、玄武岩等火山岩。而水成岩則相對稀少，僅在河川邊緣、海岸地帶可以看到，對海南島的礦床分布、礦脈走向有了初步的了解。富田芳郎〈地理學的所見〉一文，分別從經濟地理學、文化地理學的角度分析，發現海南島雖屬於廣東省管轄，但與廣東的關係不大，無異是個獨立的「海南島型」。最後，早坂就海南島的地層序、火成岩活動、地質構造地貌作一概括，並與臺灣作比較，作為地質學班調查報告的總結。[77]

75. 早坂一郎，〈南支那の地質と地下資源の一瞥〉，《臺灣警察時報》，第283期（1939年6月），頁75-81。
76. 富田芳郎，〈早坂先生の許に20年〉，收入早坂一郎先生喜寿記念事業会編，《早坂一郎先生喜寿紀念文集》，頁4。
77. 臺北帝國大學理農學部編，《臺北帝國大學第壹回海南島學術調查報告》（臺北：臺灣總督府外事部，1942年6月）。

在海南島調查期間，早坂一郎有機會見到當地黎族人的生活狀態，例如在樂安附近的黎族婦女都戴著很大、很重的耳環，男人都結髻纏頭，除了腰部纏一塊布外，幾乎是裸體，這對土俗學、人類學者來講，一點都不奇怪，但早坂親眼看到，還是感到很稀奇。當地的鑛業會社因為人力不足而招聘黎族的男人工作，以每日軍票作為薪資，他們一拿到軍票，就立刻到鑛業會社經營的商店採買鹽、砂糖、菸草、汽油、布類等生活必需品。最初他們並沒有貨幣，但因為鑛業會社發放的軍票可以換取物資，才逐漸讓他們知道什麼是貨幣。這件事，讓早坂體會到在有貨幣以前的原始社會，真的是很有趣。又，早坂發現中日戰爭爆發以來，海南島各地都可以看到卡車在活動，連鄉下都可以看到卡車，有必要時，水牛也會一起坐上卡車回家。遇到卡車在中途故障了，司機和同車的兵士們都會用力地發動引擎。看到司機和兵士們舉動的黎族人，也會在卡車上死命地按壓水牛的臀部，以為這樣就能發動車子，十分有趣。由此可以看出這位黎族人想要幫忙的心，這也是人性的本質。[78]

4、南方叢書的編纂

期間，早坂一郎也參與南方調查研究，並編印南方關係用書。

一九三九年十一月，臺灣總督府外事部成立外圍機構——臺灣南方協會，負責從事各項調查及研究、南方人才之養成，以及成立南方資料館等。同時，組織臺灣南方協會調查委員會，進行文獻資料的翻譯、研究工作，臺北帝國大學教授移川子之藏、淺井惠倫、岩生成一、桑田六郎、早坂一郎、山根甚信、田中長三郎、小笠原和夫等皆獲聘為調查委員。一九四〇年度，計完成南方關係文獻翻譯二十五件、調查研究發表三十五件、調查委員會提出報告書五十件等。[79]

一九四〇年九月，財團法人南方資料館設立，專責辦理南方事務的調查，以及南方資料的收集整編工作，先後編著不少南方學術調查成果。其中，早坂編著《泰國の地質の梗概》（一九四一年）、編譯《ボルトガル（葡萄牙）領テイモール（帝汶）の地質と鑛產》（一九四一年）、編著《中日鑛物名彙》（一九四二年），以及發表〈フイリッピン（菲律賓）

[78] 早坂一郎，〈原始社会に遊ぶ〉，《角礫岩のこころ》（東京：川島書店，1970年），頁92-93。

[79] 臺灣南方協會編，《南方協會事業實施狀況報告書》（臺北：臺灣南方協會，1941年），頁25-27。

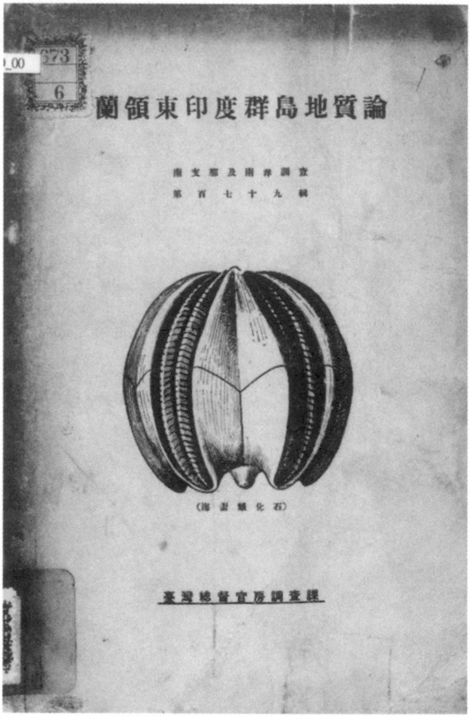

《蘭領東印度群島地質論》（1930）

資料來源：中央研究院臺灣史研究所數位網站

群島のジュラ（侏羅）紀層に就いて〉（一九四三年）等多篇論著。同時，早坂也與同講座的丹桂之助共同編譯《蘭領東印度群島地質論》（一九三〇年）一書，都是日本推進南進政策之重要參考資料。

《泰國の地質の梗概》一書中，詳細介紹泰國的地貌特徵，包括一、國土大部分平坦，主要有湄南河沖積平原及東部呵叻高原（Khorat

Plateau）；二、山脈主要呈南北走向；三、高地多為石灰岩層，溪谷呈現劇烈的褶曲地層。岩石和層序大致可分為火成岩（花崗岩、噴出岩）、變成岩、水成岩及古生代、中生代、新生代。地質構造除了東部外，大體上是南北走向的平行褶曲，褶曲層大多數是花崗岩。泰國境內遍布溫泉，其中最珍貴、最大的在武里（MuangFang）西北方約兩小時的距離。溫泉直徑約二百碼（約一八三公尺）、十二到十五個蒸汽柱，可噴出地面六到八吋（約二十至二十七公分）的高度。此外，泰北的勃固（Hongsawadi）附近有兩座小火山，火山口的裂縫會噴發出硫磺水蒸氣。

《ボルトガル（葡萄牙）領テイモール（帝汶）の地質と鑛產》一書，係譯自亞細亞投資株式會社與馬尼拉合同礦產開發會社合作出版之關於葡領帝汶之地質、鑛產調查報告書。帝汶島位於馬來群島的南端，葡領帝汶在帝汶島的東半部，西半部是荷蘭殖民地，全島係由孤立的層塊（Komplex）所形成，西北部分布著結晶片岩，包括角閃岩、雲母片岩、石英片岩等，但幾乎看不到石灰質岩石。東南部被輝綠岩之類的結晶片岩所覆蓋。最古老的水成岩層為結晶質石灰岩，其中有厚達三百公尺的化石層，化石種類有海百合類、網蟲類、腕足類、珊瑚類，以及原始的菊石類等。有用礦物中最重要的是溫泉（部分是硫磺泉），其次是石灰岩、粘土材料、建築材料、石炭等。其他尚有方鉛礦、食鹽、銅礦、金銀、二氧化錳等。此外，南部海岸一帶有石油和天然瓦斯，一九一二年開始生產，年產量約一千五百噸。早坂認為帝汶島除了南部海岸地帶外，其他地方應還蘊藏石油礦產。[80]

而早坂一郎、丹桂之助編譯之《蘭領東印度群島地質論》一書，係譯自一九二四年荷蘭臺夫特理工大學（Delft University of Technology）布勞沃教授（Dr. Hendrik Albertus Brouwer, 1886-1973）著《*The Geology of the Netherlands East Indies*》一書。書中詳論蘭領東印度的地質史、基本地質構造、火山及地震、礦產等地質狀況，尤其是石油的分布、地質構造、化學成分、產量等，[81] 都是日本推進南進政策之重要參考資料。

一九四〇年早坂一郎接任臺北帝國大學理農學部部長後，一家人即搬到佐久間町的學部長官舍，在占地四百坪的土地上，建物占七十坪，前、後院各有一片草皮，環境極佳。[82] 一九四一年四月，早坂以專任地質學講座職務為由，辭卸理農學部部長一職。[83] 同年十二月太平洋戰爭爆發，全

[80] 早坂一郎，〈テイモール島の瞥見〉，《南方土俗》，第1卷第1期（1931年3月），頁45-58。

[81] 布勞沃（Hendrik Albertus Brouwer）著、早坂一郎、丹桂之助譯，《蘭領東印度群島地質論》（臺北：臺灣總督府官房調查課，1930年）。

臺各地都出現糧食不足的問題，此時竟出現「食用蝸牛」，是之前總督府衛生局長下條久馬一自印度、東南亞引進的，在戰爭時期重新登場，成為國民食料中重要的蛋白質來源。早坂一郎到新竹州進行地震調查時，住在鄉下的旅館裡，旅館主人在木箱裡養蝸牛，他說這蝸牛是從外國帶回來繁殖的珍品，一隻可以賣五圓。晚餐時，主人用類似法國料理的方式煮了蝸牛，早坂吃了之後，覺得雖然黏液有點多，但不失為一道佳肴。不過，因蝸牛經常會吃掉民眾種的菜，加上繁殖力旺盛，一次可產百顆卵，從開始流行之後的二、三個月，民眾可以從自家菜園、田裡撿到滿滿一桶的蝸牛。空襲期間，早坂住家附近的河流、谷地等都可以看到被丟棄的蝸牛。根據貝類學家的調查，這種「食用蝸牛」其實是「非洲大蝸牛」（學名 *Achatina fulica*），分布於非洲到東南亞一帶，太平洋戰爭期間，日本軍政當局以這種蝸牛作為軍隊的食糧，並把牠搬到馬里亞納（Mariana），放養於森林裡，結果蝸牛吃掉植物，日本兵則吃掉了蝸牛。[84]

隨著戰爭越趨激烈，糧食不足的問題更受到關注，於是總督府鼓勵民眾在自家庭院種菜，早坂一郎也將官舍的草地改為農地，種植南瓜、木薯南瓜、小黃瓜、落花生、葡萄、番茄、豆類等，其中木薯南瓜的外形、味

[82] 早坂一郎，〈官舍の生活〉，《角礫岩のこころ》，頁 229-230。

[83] 「早坂一郎南支方面進出者養成講習會講師ヲ命ス」（1938 年 06 月 01 日），《臺灣總督府檔案》，國史館臺灣文獻館，典藏號：00010093189X003；「早坂一郎補理農學部長、職務俸八百圓下賜」，《臺灣總督府檔案》，國史館臺灣文獻館，典藏號：00010102262X004。「早坂一郎（臺北帝國大學工學部創設準備委員會委員ヲ命ス）」（1940 年 07 月 01 日），《臺灣總督府檔案》，國史館臺灣文獻館，典藏號：00010106095X005；「早坂一郎（解補理農學部長）」（1941 年 04 月 01 日），《臺灣總督府檔案》，國史館臺灣文獻館，典藏號：00010110A60X003。

[84] 早坂一郎，〈アフリカ・マイマイ〉，《角礫岩のこころ》，頁 83-86。

道類似木瓜，一個夏天可以收成七十顆，收穫很不錯。尤有甚者，總督府決定以電氣屠殺圓山動物園的猛獸，供作大學動物學教室之研究材料。這些動物的肉則被配給予大家，早坂也獲配了獅子、棕熊等猛獸的肉，他覺得棕熊的肉最為美味。[85]

遺憾的是，一九四五年春，早坂指導的學生石崎和彥在由婆羅洲返回臺灣途中，所搭乘的阿波丸遭盟機擊沈，英年早逝。當時早坂為從事菲律賓科學局的復興工作而前往馬尼拉，聽說石崎獲推薦為南方油田調查團的成員而急忙返回東京，並與石崎君詳談，認為石崎可趁此機會蒐集研究資料，還可領取將校級的待遇，因而推薦他去。石崎是臺北帝國大學理學部非常優秀且有前途的研究員，在臺灣地質學、古生物學方面有不少獨創性的業績，得到學界的一致認可，早坂也對他寄予厚望。石崎的戰死，就像是奪去自己最貴重的珍寶一樣，可說是最大的戰災。

一九四五年五月三十一日盟軍對臺北進行大轟炸時，臺北帝國大學被炸破損嚴重，早坂的研究室也被炸，許多重要的研究文獻、資料都被炸毀，損失慘重。[86]

[85] 早坂一郎，〈官舍の生活〉，《角礫岩のこころ》，頁 230-231。
[86] 早坂一郎，〈私の戰災〉，《角礫岩のこころ》，頁 101-104。

[第四部]

戰後留用與地質學研究傳承

一九四五年八月，日本戰敗投降，國民政府旋即來臺接收，為清理業務、維持生產事業運作及特殊需要等，在必需的技術人員補充之前，不得不留用部分日籍人員，早坂一郎也獲接收改制後的臺灣大學理學院地質學系留用，❶ 繼續整理並充實地質學系的資料，並擔任教學、研究工作。

一、海洋地質學研究

一九四五年十月，國民政府指派教育部臺灣區教育復員輔導委員會與臺灣省行政長官公署（以下簡稱長官公署）共同接收臺北帝國大學，任命中央研究院植物學研究所所長羅宗洛為主任委員，與蘇步青、陳建功、馬廷英、蔡邦華、陸志鴻、杜聰明、林茂生、范壽康、趙迺傳等組成校務委員會，辦理大學接收相關事宜。❷ 上述接收委員均為留日之學者專家，其中蘇步青、陳建功、馬廷英均為日本東北帝國大學博士，馬廷英更是早坂一郎的學弟，同樣師事矢部長克教授，同樣是地質學、古生物學家，關係頗為親近。十一月十五日接收完竣後，蘇步青任理學院院長兼數學系主

❶ 國立臺灣大學編，《接收臺北帝國大學報告書》（臺北：國立臺灣大學，1945 年 12 月）。
❷ 〈接收帝大任命委員〉，《民報》，1945 年 11 月 3 日，第 1 版；羅宗洛，《羅宗洛回憶錄》（上海：中國科學院上海植物生理研究所，2003 年），頁 29。

❹ 馬廷英（1899-1979），字雪峰，遼寧省金縣人。1917 年中學畢業後負笈日本，進入東京高等師範學校就讀。畢業後，考入東北帝國大學地質學科，1929 年畢業後，續攻讀博士，師事古生物學泰斗矢部長克教授。1934 年以研究古生代珊瑚之內部構造發現其年成長率與海水溫度有關，獲得東北帝國大學理學博士及德國柏林大學博士，深受世界古生物學界重視。1936 年返回中國，擔任中央研究院地質學研究所研究員，主持東沙群島珊瑚之調查研究。其後，歷任中央大學教授、中國地理研究所海洋組長等職。1945 年 10 月來臺，協助接收臺北帝國大學，之後任臺灣大學地質學系教授兼系主任、臺灣省海洋研究所所長。著有《珊瑚礁與遠洋矽鋁層問題》、《地球固體外殼突然整體滑動學說述略》、《下石炭紀的氣候及諸大陸相對的位置》等書。東北大學理學部地質學古生物學教室同窓會編，《追悼馬廷英博士》（仙臺：東北大學理學部地質學古生物學教室同窓會，1979 年）。

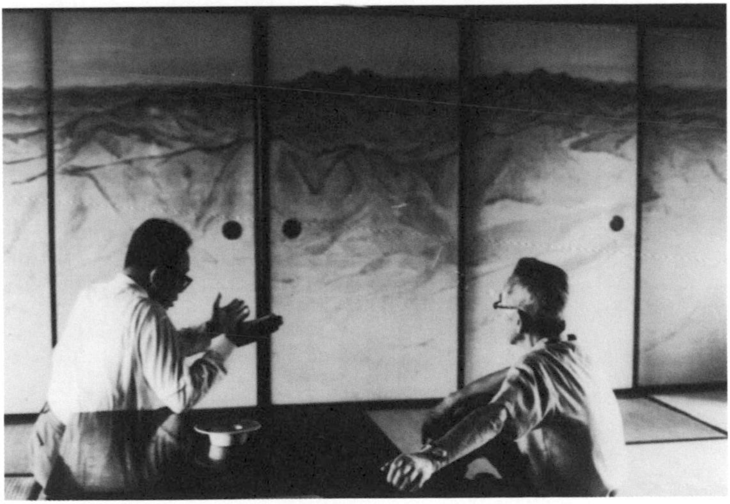

早坂一郎與馬廷英（1899-1979）

圖片提供：黃金種子有限公司／青田七六

任、陳建功任教務長，[3]馬廷英任地質學系教授兼系主任，[4]原臺北帝國大學地質學講座之早坂一郎、市村毅、富田芳郎、丹桂之助、金子壽衛男等全都獲得留用，[5]協助各項教學、研究工作。

同時，早坂一郎也兼任臺灣省海洋研究所研究員。該所成立於一九四六年一月，直隸長官公署，掌理海洋之生物、地質、化學、物理等科學之研究及利用事宜，下設海洋生物、海洋地質、海洋物理、海洋化學等四個研究室，所長為馬廷英，[6]所址設在臺灣大學地質學系內，並聘日籍教授早坂一郎、平坂恭介、富田芳郎、市村毅、副教授丹桂之助、川口四郎、講師金子壽衛男、久住久吉等為兼任研究員。[7]在設備及儀器等未完備前，著重沿海初步調查研究及材料之採集，第一年分兩隊作沿海之初步調查與臨海實驗。第一隊在臺灣南部調查海岸線之變動與最近地質時代以降海陸發達史，同時作海洋生物之生理實驗，並大量採集研究材料。第二隊在臺灣東海及北海調查研究，並採集古生物標本等。[8]

一九四六年七、八月間，早坂一郎與所員二、三人一同前往澎湖進行「珊瑚及造礁珊瑚之調查」，前後一個月。早坂認為臺灣因地處溫、熱兩帶，東、西兩海環境不同，珊瑚礁之發達因地而異，極盡錯綜複雜之大觀。澎湖群島居臺灣海峽中部，有六十餘座島嶼分散在北回歸線附近，島之大者概在北回歸線以北，平均高出海面約三十公尺，似由玄武岩方山解析而成。此次調查中令他極感驚異的是，澎湖一帶造礁珊瑚多已枯死，除中部以南較深處外，僅見新生小體珊瑚零星分布，至八罩島（今望安）❾一帶，新生珊瑚才漸多；及至東吉嶼周邊海域，不但新生珊瑚種類增多，更有外洋性者。由於珊瑚對溫度變動之適應力極弱，一九四五年二月澎湖氣溫急降，且持續三週之久，更兼雨多晴少，季候風冽烈，應該是造成澎湖造礁珊瑚枯死之直接原因。❿

❸ 〈臺北大學改名，稱國立臺灣大學〉，《民報》，1945 年 12 月 25 日，第 2 版。

❺ 國立臺灣大學編，《接收臺北帝國大學報告書》；〈臺北大學改名，稱國立臺灣大學〉，《民報》，1945 年 12 月 25 日，第 2 版。

❻ 「臺灣省海洋研究所所長馬廷英派代案」（1946-01-27），〈各種研究所人員任免〉，《臺灣省行政長官公署》，國史館臺灣文獻館，典藏號：00303204001005。

❼ 「臺灣省海洋研究所研究員陳兼善派兼案」（1946-02-22），〈各種研究所人員任免〉，《臺灣省行政長官公署》，國史館臺灣文獻館，典藏號：00303204001012。

❽ 「海洋研究所組織規程公布案」（1946-01-17），〈臺灣省海洋研究所組織規程案〉，《臺灣省行政長官公署》，國史館臺灣文獻館，典藏號：00301240005001；臺灣省行政長官公署統計室編，《臺灣省統計要覽》（臺北：臺灣省行政長官公署統計室，1946），頁 85。

❾ 八罩島，為望安島之舊稱。又稱八罩嶼、八罩山、八罩山嶼、挽門嶼、八罩澳等，為澎湖縣第四大島。關於「八罩」的意義，說法不一，或將「罩」字解釋為「兜」（即湊合之意），謂「八罩」指「八個島兜在一起」；或將「罩」字音轉為「島」，認為「八罩」就是「八個島」。又或指「八罩」是指該島周圍為八個島嶼（將軍澳嶼、東吉嶼、西吉嶼、東嶼坪嶼、西嶼坪嶼、七美嶼、花嶼及虎井嶼等）所罩住而得名。三說中，以第三說較接近事實。顏尚文編，《續修澎湖縣志（卷 2）地理志》（澎湖縣馬公市：澎湖縣政府，2005 年），頁 205。

❿ 馬廷英、早坂一郎、川口四郎，〈澎湖群島珊瑚礁考察記〉，《臺灣省海洋研究所研究集刊》，第 1 號（1946 年），頁 1-3。

第一年室內研究之成績，有蘚苔蟲類、魚類、腔腸、動物類、軟體動物類、珊瑚生理、淺海沿積海底地形等之研究，並將研究所得整理出刊。⓫一九四六年十一月創刊《臺灣省海洋研究所研究集刊》，早坂一郎曾在該集刊發表〈臺灣化石及現生腕足類〉、〈臺灣新第三紀海棲化石群究竟有否特異性〉，以及與馬廷英、川口四郎合撰〈澎湖群島珊瑚礁考察記〉等文。其中，〈臺灣化石及現生腕足類〉一文指出臺灣現生及化石腕足類多與日本近海者同種，為數不多，且皆出自高雄縣境內，含腕足類化石地層有琉球灰岩、馬鞍山泥層、四溝層下之灰質砂岩等三種，第二、三兩種雖岩石、化石互異，但屬於同一時代，同為苗栗層上部。⓬〈臺灣新第三紀海棲化石群究竟有否特異性〉一文，則指臺灣在苗栗層時代，其環境與現在者同，冬季有由北吹來之強烈季節風與寒流搬來北方種，夏季則暖流由南方運來溫暖性種類，因而當時臺灣近海動物化石乃有南、北兩樣成分之混合存在。⓭惟該所受限於人力、物力，研究工作殊少成就，於一九四九年十一月改隸臺灣省建設廳後裁撤，海洋地質研究工作交由地質調查所接辦，其餘業務由省建設廳辦理。⓮

⓫ 臺灣省行政長官公署統計室編，《臺灣省統計要覽》，頁 85。

⓬ 早坂一郎，〈臺灣化石及現生腕足類〉，《臺灣省海洋研究所研究集刊》，第 1 號（1946 年），頁 5-10。

⓭ 早坂一郎，〈臺灣新第三紀海棲化石群究竟有否特異性〉，《臺灣省海洋研究所研究集刊》，第 2 號（1947 年），頁 11。

二、留臺日本人的處境

終戰後，臺灣的社會狀態紛紜萬變，尤以物價高漲最令早坂一家驚訝。其妻早坂てる（映）指出，上午聽聞襪子的價格，到傍晚時已經漲了數倍，連學生的學費也漲了好幾倍，一般貨幣因趕不上通貨膨脹的速度，只好用臺灣銀行本票代替，每次購物時都要用麻袋裡的本票付錢。當時早坂一郎的月薪只夠用半個月，[15] 生活陷入貧困不安。同樣獲留用的富田芳郎，其妻富田奈美亦指出，「臺灣大學理農學部等留用的日人教授、助教授由於擔任講座，每個月薪資都稍有調高，到夏季時約有數千元的收入。儘管如此，由於物價直線上升而至騰貴，因此生活變得艱苦。主食等所有東西都是自由販賣，只要有錢什麼都能買到，但是若買主食的話，半個月的薪水就沒有了。」[16] 顯見生活窘迫之一斑。其後，因中國來臺教授日增，大學官舍已不敷分配，早坂遂將之前的大宅邸讓給外省來的教授，但在大學的好意下，搬入隔壁的官舍住。此時，從中國來的軍官民進入原來是日本人的住家，車站的候車室每天晚上都有許多免費住宿的人，町內小偷或伺機行竊者橫行，搶劫事件頻發，治安極為混亂。[17]

[14] 臺灣省政府祕書處人事室編，《機構調整概況》（臺北：臺灣省政府祕書處，1949 年），頁 9；「奉電海洋研究所、地質調查所應予改隸本廳轉希知照由」，〈建設廳組織〉，《臺灣省政府》，檔案管理局，檔號：A375000000A/0038/0012.4/0153/0001/001。

[15] 早坂一郎，〈これがインフレというものか？〉，《角礫岩のこころ》（東京：川島書店，1970 年），頁 235。

[16] 富田奈美，《臺灣引揚げまでの思い出》（東京：朝倉書店，1976 年），頁 78。

[17] 早坂一郎，〈臺灣引揚前後・Y 君と私達〉，《角礫岩のこころ》，頁 241-242。

戰爭結束之初，一九四五年十二月留臺日本人各界智識份子合併原有之協和會、互助會，組織蓬萊俱樂部，旨在推動臺省及省外日人之救濟、學生援護、募集基金、推行各種調查、擬定「臺北日人會」設立之旨趣意見書規約及組織綱要呈請當地政府備案。該俱樂部籌備委員會之執行委員，有委員長堀內次雄（醫師）、副委員長松本虎太（前臺電社長）、中辻善次郎（商店主），以及委員益崎綱幸（前同盟通信社臺北支局長）、吉岡清一（商店主）、前根壽一（日本水產會社監委）、中平昌（前專賣局長）、坂口主稅（前臺灣新報社長）、工藤精一（臺灣銀行監理員）、大場辰之允（醫師）、田村作太郎（工程師）、早坂一郎（大學教授）、吉屋貞雄（律師）、竹內吉平（律師）、貝山好美（前臺灣貿易振興會社長）、福田完治郎（布商）、柏木太兵衛（商店主）、大歲德太郎（食品商）、田慟吉（股券商）、平戶東治（商店主）等人。對於留臺日本人之結社組織及行動，引起國民政府主席蔣介石之注意，並飭長官公署密切注意。

一九四六年五月十三日，臺灣省警備總司令部電飭省警務處注意偵查該批留臺日本人是否有不法組織與行動，並隨時具報。[18]同月二十八日，國民政府蔣中正主席密電行政長官陳儀注意蓬萊俱樂部等組織，其以蓬萊

[18] 「注意留臺日僑堀內松本等人行動」（1946 年 05 月 13 日），〈留臺日人陰謀情報〉，《臺灣省行政長官公署》，國史館臺灣文獻館，典藏號：00306820003001。

[19] 「調查蓬萊俱樂部組織及成員案」（1946 年 05 月 28 日），〈偵查奸

俱樂部改組後另行推選堀內次雄、松本虎太、早坂一郎等二十人為執行委員，下設事務局、庶務部、更生部、涉外部、資本造成部，辦理決議事項及有關業務，會址設在臺北市表町（今館前路一帶）臺北州商工經濟會內，並羅致奉公班辦員役百餘人，希予注意。[19]六月一日，長官公署即將蔣中正主席的電文密轉電臺北市政府，令飭市警察局選派可靠幹員嚴密調查注意蓬萊俱樂部。[20]其後，蓬萊俱樂部因設立申請未獲長官公署核准，不久即解散。

實際上，一九四五年十二月長官公署即於民政處之下成立臺灣省日僑管理委員會，由民政處處長周一鶚兼任主任委員，另以美軍聯絡處派代表麥羅期為顧問，辦理在臺日本人之調查、管理及輸送等事宜。[21]而日方為配合在臺日本人之留遺作業，亦於一九四六年一月成立日僑互助會，設臺北、基隆、新竹、臺中、臺南、高雄、花蓮港、臺東，以及澎湖等九個分會，受臺灣省日僑管理委員會之指揮監督，辦理在臺日本人之遣返、留用日本人之互助救濟、解除徵用日本人之還送、與臺灣省政府交涉等事宜。然而，日僑互助會自成立後即不斷遭到各界的批評指責，以該會成員不但是戰犯嫌疑者，不具有新日本人之指導能力，亦不具有對日漸貧窮化的在臺日本

黨〉，《臺灣省行政長官公署》，國史館臺灣文獻館，典藏號：00306820005001。

[20] 「監視蓬萊俱樂部案」（1946 年 05 月 28 日），〈留臺日人陰謀情報〉，《臺灣省行政長官公署》，國史館臺灣文獻館，典藏號：00306820003002。

[21] 〈本省日僑管理委會辦事處及輸送站人選決定〉，《臺灣新生報》，1946 年 2 月 16 日，第 2 版；〈公布「臺灣省日僑管理委員會組織規程」〉，《臺灣省行政長官公署公報》，第 2 卷第 2 期（1946.01.23），頁 2-3；臺灣省日僑管理委員會祕書室編，《臺灣省日僑管理法令輯要》（臺北：臺灣省日僑管理委員會，1946 年 3 月），本省法令，頁 1-5。

人伸出援手的能力，只不過是舊勢力為保存自我實力的方法而已。在長官公署嚴禁在臺日本人政治結社，也不准其有全省性的聯絡組織之情況下，日僑互助會以協助日本人的遣返作業為主。[22]

迄一九四六年底，長官公署密電各縣市政府，奉國防部代電以留臺日本人經常舉行小組祕密集會，不無各種政治及情報作用，請轉飭各地方政府暨警察機構注意。又，各縣市日僑互助會等組織向未經呈准，擅自設立，著即予以撤銷，但為便於辦理遣散業務，准由各縣市日僑推舉照料人，負聯絡之責，並規定各照料人於業務上必須集會商討時，應先報請當地警察機關核准派員參加監視，始得舉行。[23] 可見留臺日本人之處境。

三、親歷二二八事件

一九四七年二月臺灣爆發二二八事件，早坂的妻子てる也目睹了事件經過。二月二十八日上午，早坂てる為了要到建成町（今長安西路、華陰街、太原路一帶）看牙醫，在住家附近等公車。等了很久，公車都沒有來，沒辦法，只好走路過去。走到臺灣省專賣局前，看見二十名左右的局員站在那裡，心想是要迎接大人物嗎？一面這麼想著，一面路過。奇怪的是，當她要穿過東門時，從東邊來了一隊帶槍的軍人，同時從新公園（今二二八和平公園）那裡傳來「哇」的呼喊聲。她以為是在演習，仍繼續前進。不久要橫越往臺北車站的十字路口，也就是以前市役所的街角時，突然被一名臺灣女子拉進門，告訴她外面很危險，要她快點回家。她向這名女子道謝後，出去外面張望一下，看到市役所的屋頂上站著十四、五名衛兵將槍尖指向路人，這讓她第一次意識到情勢不妙。於是避開來時走的道路，往車站的方向前進。一轉進臺灣博物館前的道路，再次感到不尋常，有一輛載滿士兵的卡車，用機槍向前推進，她一看急忙逃走。從那裡往本町（今重慶南路一段到忠孝西路一帶）的路上，看到一輛汽車正在燃燒，一位路人指著她要去的方向似乎說了什麼，於是她小心前進。一路上看到許多屍體，讓她不由地打了寒顫，「無論如何必須早一點回家」，並往前急奔。這時，後方有一位人力車伕問她要不要搭車？她上車後，向車伕問了很多問題，才知道今天發生的事情。[24]

[22] 河原功監修、編集，《臺灣引揚・留用記錄》，第 1 卷（東京，ゆまに書房，1997 年 9 月），頁 11-14；日本大藏省管理局編，《日本の海外活動に關する歷史的調查》，通卷第 17 冊臺灣篇第 6 分冊の 2，餘錄〈日僑の追憶〉（東京：日本大藏省管理局，1947 年），頁 15。

[23] 何鳳嬌編，《政府接收臺灣史料彙編》，上冊（臺北，國史館，1990 年），頁 668-669。

[24] 早坂一郎，〈目で見た二、二八事件〉，《角礫岩のこころ》，頁 236-238。

原來昨天（二月二十七日）晚間在大稻埕發生了緝煙血案，有一位抗議的臺灣青年被殺。於是臺灣人的代表向長官公署提出抗議，但不被接受，引發群情激憤，並將怒氣發洩在外省人身上，人力車伕補充說道：「太太因為穿著日本和服，不必擔心，安心地回家吧！」走了一段路後，看到一位像是外省人的人露出臉來，想要看看外面的情況，這位車伕立刻向他搖搖手，說：「危險！危險！快點進去！」要他不要出來。最後，在佐久間町的軍司令官邸前下車，正想往家裡的方向轉彎時，發現早坂一郎先生正從相反的方向走過來。他在綁腿往後掛上鐵盔、戴上戰鬥帽，這是那時的出勤狀態。一問之下，據說大學當局對街上的騷動抱有預防萬一的想法，決定提早放學。從隔天開始進入危險狀態，日本人都把門窗關上，也不出勤，早坂一郎雖然約好隔天到臺中演講，但經過一夜的騷動，已經擴大為全臺的抗爭事件，因此演講也取消了。之後看了報紙及各種傳聞，才知道事件的始末。像她這樣在明治時代出生的人，不曉得所謂的內亂。但是在中國並非如此，他們的處理手法經常是在內亂爆發後先暫時爭取時間，之後再一網打盡。與中國久違的臺灣人，必須要相當的時間才能察覺政府的意圖，以致發生這樣的不幸事件。㉕

事實上，自二二八事件爆發之初，長官公署即對在臺日本人充滿疑忌，再三約束其不得涉入，而日僑互助會亦多次告誡在臺日本人及其眷屬不得參加集會結社、擅離私宅及與他人交際，尤不可參與事件或批評時政等。留臺日僑世話役（按：照料人）速水國彥於三月十七日函告長官公署，以留用日本人均係農工科學技術人員無任何政治關係、多係被徵用不得已留臺工作者，絕不至於參與事件。二十一日，國防部長白崇禧在臺灣大學圖書館向留用日本人講話，表示他相信留用日本人均係有相當地位、知識豐富之學者專家，絕未參與事件，日本人應與此次事件無關。二十二日，臺灣省日僑管理委員會通知各機關留用日本人佩帶機關證章及留用身分證恢復工作，並嚴加管理。㉖事件中，早坂一郎也感受到大學當局和臺灣學生的善意，校長陸志鴻帶著米和蔬菜前來慰問，學生也不避危險地於夜間送來花生等食物，當時心裡的感激，久久無法忘懷。㉗據《臺灣新生報》之報導，事件中，臺灣大學曾停課二週，外省員生被毆傷者計有教授及助教各一人、學生四人。事件後，全校一三三八名學生中，迄三月三十一日尚有兩百名學生未到校上課。㉘

對於政府接收後一年四個月即爆發民變，國民政府、長官公署均堅

㉕ 早坂一郎，〈目で見た二、二八事件〉，《角礫岩のこころ》，頁 239。

㉖ 河原功監修、編集，《臺灣引揚・留用記錄》，第 5 卷，頁 113-118；河原功監修、編集，《臺灣引揚・留用記錄》，第 7 卷，頁 23-25、151-164。

㉗ 早坂一郎，〈目で見た二、二八事件〉，《角礫岩のこころ》，頁 238-240。

㉘ 〈白部長昨與陳長官邀各首長舉行會議 白氏曾赴臺灣大學宣慰〉，《臺灣新生報》，1947 年 4 月 1 日，第 4 版。

信在臺日本人與二二八事件有關。三月六日陳儀曾電呈蔣中正主席，詳報二二八事件之經過及其原因，其指除了海南島歸來臺人、日本時代御用紳士、共黨分子等對民眾之煽惑外，「留用日本人中，亦有想乘機擾亂者，此次事情發生後，日人中竟有著和服在街上行走者，可以推見其用意。」四月，陳儀再電呈蔣中正主席，以「此次事變發生，日僑中有參加者，有特衣和服在街上行走，表示可不致被毆者；有勸外省人避居其家，隱然以保議自居者，似此情形其為患已甚顯著。現為清除日人遺毒，消滅叛國隱患，計所有工廠及臺灣大學留用之日僑，擬於四月底以前全部遣送，不留一人。」[29]而監察委員何漢文、閩臺監察使楊亮功所提交之事件調查報告，亦指出事件之發生與留臺日本人有關，其以「日本投降後，留臺之日人及以冒用臺胞籍貫之日人為數甚多，不斷暗中予臺人以煽動挑剔，以此種種日人餘毒之遺留未盡，其惡劣影響自不難想見矣。」因此建議將所有徵用日本人「宜悉遣回，以絕後患」。[30]

二二八事件之後，除少數高級技術人員暨行政長官特准者外，一律集中遣返，僅留用二六三名，連同家屬共計七七六名。[31]至此，絕大多數日本人均經遣返完畢，臺灣省日僑管理委員會亦於同年五月十五日結束撤銷。[32]

四、揮別臺灣，返回日本

一九四八年，中國地質學會假臺灣大學地質學系舉辦年度大會。此次會議由早坂一郎與馬廷英共同主辦，由中國來臺與會的學者專家達六十人，對於臺灣地質學研究的業績給予高度的肯定。[33] 迄一九四九年一月二十日，傅斯年繼任臺灣大學校長後，師資轉為以中國學者居多，而日籍教授因身分地位不明，加上恐怕留臺越久，返日後越難覓得合適教職，故多希望盡早返國。[34] 早坂一郎也確定於是年八月遣返回日本，並開始進行返國之各項準備。當時早坂家中還留有他到世界各國旅行時所購買的銀湯匙五十餘支。按規定，被遣返之日本人每人僅得攜帶現金一千圓及三十公斤以下行李返國，其他有關軍用物品、金飾財物及軍事文書等，概不准攜帶。早坂因為一直找不到銀湯匙的買家而留存著。之後剛好有一位美國友人來訪，遂請他經由另一筆交易運送，才將這些銀湯匙寄回日本。[35] 在準備回國期間，早坂動了痔瘡

[29] 中央研究院近代史研究所編，《二二八事件資料選輯（二）》（臺北：中央研究院近代史研究所，1992 年 5 月），頁 233。

[30] 楊亮功，〈二二八事件調查報告〉，收入陳芳明編，《二二八事件學術論文集》（臺北：前衛出版社，1991 年 1 月四刷），頁 215-216。

[31] 〈臺灣省日僑管理委員會公告〉，《臺灣省行政長官公署公報》，36 年夏字第 31 期（1947.05.06），頁 535；臺灣省日僑管理委員會編，《臺灣省日僑遣送紀實》（臺北：臺灣省日僑管理委員會，1947 年），頁 154。

[32] 〈凡留用日僑其管理業務歸由臺灣省民政廳辦理〉，《臺灣省政府公報》，36 年夏字第 49 期（1947 年 5 月 27 日），頁 76。

[33] 富田芳郎，〈序文〉，收入早坂一郎先生喜寿記念事業会編，《早坂一郎先生喜寿紀念文集》，頁 2。

[34] 歐素瑛，〈戰後初期臺灣大學留用的日籍師資〉，《國史館學術期刊》，第 6 期（2005.09），頁 168；歐素瑛，〈貢獻這個大學于宇宙的精神：談傅斯年與臺灣大學師資之改善〉，《國史館學術集刊》，第 12 期（2007 年 6 月），頁 209-250。

[35] 早坂一郎，〈これがインフレというものか？〉，《角礫岩のこころ》，頁 236。

手術，出院回家當晚又大出血。黎明時分，按照醫院的指示，直接送進手術室進行手術。手術之前，聽到醫院向對面的醫學院學生宿舍發出緊急通知，要O型血型的人來捐血，學生一聽說患者是早坂教授，有近十人來捐血，才讓他順利完成手術。手術後被送回病房時，看到病房外的走廊上有許多學生擔心地在等待，早坂再度向大家致謝，學生中有人代表發言說：「不必客氣。只要老師好起來，比任何事還高興。」其他人也都點頭，早坂聽到後不禁感動落淚。前後二次，入院七週期間，因為臺灣人的熱血及各方人士的協助，早坂才能順利康復，並再回到研究室。[36]

一九四九年八月，早坂一郎與其他解除徵用的日籍教授，如日比野信一、一色周知、三宅捷、桑田六郎、國分直一、金關丈夫、河石九二夫、細谷雄二、上田英之助等一起被遣返回國，[37] 早坂被推舉為遣返隊長。八月九日上午，與行李一起分乘二十輛卡車，以隊長的車為前列，在基隆街道全速奔馳，這一天是一個天晴無雨、適合兜風的好天氣。傍晚時，搭上商船大學的練習船日本丸，中華民國政府為感謝他們對臺灣的付出，特別贈予食米和白糖，使他們回國後不會為生活所苦；同時也免去遣返時複雜的手續，登船前的檢查也極為簡單，以示優待。另外，早坂個人也收到政府要人贈送的二大籠香蕉到船上，他立刻分給船上的學生吃，大家都很開心。

船終於要開了，出航的鳴笛已響起，早坂夫婦站在甲板上向來送行的學生和友人揮別。㊳對於臺灣，早坂認為這是他在一生中最好的黃金時期傾注生命的島嶼，無論多少，只要能留下些什麼，都會感到非常喜悅。那時「日之丸」旗（按：日本國旗）在臺灣是被禁止的，船從岸邊離開後，送別的人們變得越來越小，不知何時，岩壁上到處可看到「日之丸」旗在飄動，而且一直有「再見！多保重！」的聲音傳來，那是來自一群學生的聲音。㊴

日本丸的航行頗為舒適，由於同船中有許多位大學教授，經與船長商量後，決定以日本丸作為海上大學，在航行中的每日午後舉辦演講，有解剖學、生理學、外科學、生物學、地質學等，內容多元豐富，學生們也樂於前來聽講。很幸運地，順利於八月十五日在長崎縣佐世保的針生島上陸。不過，在返國的航程中發生了一件憾事，就是臺灣鐵道界的前輩速水和彥在遣返前因罹患腦軟化症而無法站立，經與日本遣返援護局討論後，在船程中特別為他安排病房及醫護人員陪同照顧，不料出航後數日，速水

㊱ 早坂一郎，〈臺灣引揚前後・Y君と私達〉，《角礫岩のこころ》，頁242-243。
㊲ 歐素瑛，〈戰後初期在臺日人之遣返〉，《國史館學術期刊》，第3期（2003.09），頁211-212。
㊳ 早坂一郎，〈臺灣引揚前後・Y君と私達〉，《角礫岩のこころ》，頁247-248。
㊴ 早坂一郎，〈臺灣生活のあれこれ〉，《角礫岩のこころ》，頁222。

的病情急轉直下，經過許多努力仍告無效，不幸病逝，大家為他舉行莊嚴隆重的海葬儀式，長眠於奄美大島附近。船長是商船學校的教授，對速水氏的葬儀頗為關心，徹夜製作檜木棺材，用帆布覆蓋後，再在其上牢牢地縫上日本國旗。第三天上午，船隻進入日本領海後，即停止前進、升起半旗，嚴肅地進行海葬儀式。全體學生穿著正裝整齊排列，被遣返者也都全員列席，在聖書和讚美歌聲中，將棺材緩緩地用繩索降入海中，船隻並在那周圍緩緩繞行，以示哀悼之意。[40]

返回日本後，早坂一郎先任金澤大學教授。同時任教該大學的有日比野信一、正宗嚴敬、箭內健次、西田晃次郎等，都是原臺北帝國大學教授。[41]一九五〇年起，早坂轉任北海道大學教授。期間，他對臺灣仍甚為關注，一九五一年五月十八日起連日的大雨，造成草嶺潭水量爆增而潰堤，清水溪和濁水溪下游的洪水和山崩導致正在草嶺潭施工的士兵近一百五十名死亡、房屋全倒五六四間、半倒三百間、流失水田三一一六平方阡等；因為山崩導致十七處堤防潰決，總延長三千六百公尺，埤圳埋沒一萬兩千公尺，公路埋沒三千六百公尺，橋梁埋沒六座等，損害總金額達臺幣一千七百萬元以上。對此，早坂一郎提到草嶺潭係一震成湖，係一九四一年十二月地震導致阿里山下的清水溪被崩塌的土石截斷堰塞而成。早坂曾前往當地視察，發現堰堤頗不安定，有進行綿密調查的必要。戰後也提醒中國方面的當事者要注意，但仍發生嚴重災情，令人遺憾。[42]

一九五五年早坂一郎退休後，於翌（一九五六）年轉任東洋大學教授。[43]一九五八年任島根大學校長兼教授。[44]一九六二年卸任後，再擔任女子體育大學教授、玉川大學農學部講師等，並曾任日本學術會議自然史科學研究博物館特別委員長、日本地質學會會長、日本古生物學會名譽會員、日本動物分類學會顧問。一九六六年獲頒二等瑞寶勳章，表彰其長年從事學術研究、教育之功績。[45]

五、再續前緣：重回臺灣

一九六六年四月三日，早坂一郎夫婦睽違臺灣十七年後應邀來臺訪問。這次訪問是由臺北帝國大學地質學講座畢業生及其他鑛業關係者共同

[40] 早坂一郎，〈臺灣引揚前後・Y君と私達〉，《角礫岩のこころ》，頁 248-250。
[41] 〈臺大などの教授陣 金澤大學に着任〉，《臺灣協會報》，1951年2月15日，第4版。
[42] 早坂一郎，〈清水潭の震成湖 天然ダム崩壞〉，《臺灣協會報》，1951年9月20日，第4版。
[43] 〈早坂一郎氏東洋大地理科教授に〉，《愛光新聞》，1956年6月1日，第3版。
[44] 〈島根大學タ長に早坂一郎博士〉，《愛光新聞》，1958年3月1日，第1版。
[45] 富田芳郎，〈序文〉，收入早坂一郎先生喜寿記念事業会編，《早坂一郎先生喜寿紀念文集》，頁1。

籌劃辦理的，邀請對象為原地質學講座成員，包括早坂一郎、市村毅、富田芳郎、丹桂之助等。不過，市村夫婦已過世、丹桂之助驟逝，富田芳郎以健康不佳為由放棄，所以只有早坂夫婦及丹桂之助夫人等三人來臺，一看到來機場迎接的都是熟人，完全沒有感受到十七年的隔閡，也感謝他們邀約來臺。當晚在飯店舉辦歡迎會，與學生們歡聚一堂。

在臺兩週期間，早坂夫婦逛遍臺北近郊的新店、淡水、野柳、草山、金山、瑞芳，以及石門水庫等。某夜，某政府要人設宴招待，他是十七年前早坂從臺灣遣返之際送香蕉籃給早坂的人，在早坂要被遣返之前他曾兩度到早坂家拜訪，都因早坂夫婦外出而未遇。原來他的老師是早坂教授的學生，因為想要幫忙而來。這次早坂夫婦來臺，他希望倆人能再多留幾天，於是在臺北的行程告一段落後，早坂等三人前往苗栗參觀油田，並登上日治時期就有油井的丘陵參觀，之後前往日月潭，住在湖畔飯店涵碧樓一晚，身心大為舒暢。下山後，早坂夫婦先回臺北，並與丹夫人道別，她因丹教授過世一週年忌日而先行返國。之後展開南部之旅，前往臺中、臺南、高雄。此時高雄已超越基隆，成為臺灣第一大港。墾丁熱帶植物園裡有日本時代就種下的巴豆、海棗、椰子、印度榕等，依然茂盛。而期待已久的鵝鑾鼻的珊瑚礁，因禁止進入而無法看到，十分可惜。在四重溪溫泉住一晚後，搭車越過山嶺到東海岸的臺東、花蓮，再前往太魯閣峽谷。陡峭的峽谷，清澈的溪流，奇景美不勝收，號稱東洋第一也不為過。早坂特別提到過去來此地調查時，為了解岩壁的高度，就從山上丟下石頭，幾秒後聽到撲通的水聲，再試著推算高度。現在挖通了岩磐、開通了道路，真有隔世之感！之後再回到花蓮，然後搭機回臺北。[46]

這次的臺灣之旅中，早坂夫婦印象最深刻的是故宮博物院和太魯閣峽谷。故宮博物院內的文物資料，訴說中國幾千年的歷史文化，只有驚訝且感嘆。還有因大自然的鬼斧神工，化為高聳入雲的斷崖、深削入地的太魯閣峽谷，其地形的壯大與奇特，也令人印象深刻。能夠直接接觸到足以誇耀世界的臺灣的各種豐富財產，令早坂夫婦覺得很開心。[47]

一九六七年十二月，早坂一郎在小田急鶴川車站前發生交通事故，導致左胸骨折，[48] 兩個多月的病床生活，讓他憶起往事並著手撰寫回憶文集《角礫岩のこころ》。一九六八年四月，早坂獲聘為島根大學名譽教授。一九七七年過世。

[46] 早坂一郎，〈一七年振りの臺灣訪問〉，《角礫岩のこころ》，頁 251-255。
[47] 同上，頁 255。
[48] 〈人事消息〉，《臺灣協會報》，1968 年 1 月 15 日，第 1 版。

結語

角礫岩之心

一九六七年十二月，早坂一郎在東京都小田急線鶴川車站前發生交通事故，導致左胸骨折，兩個多月的病床生活，讓他憶起諸多往事並著手撰寫回憶文集《角礫岩之心》（《角礫岩のこころ》），於一九七〇年由川島書店出版。他表示自己沒有寫日記的習慣，無法像一般回憶錄採取編年式的逐年逐月記載；而是由記憶的片斷、點點滴滴匯集而成的文集，就像角礫岩（Breccia）一樣，是一種碎屑岩，它是從母岩上破碎下來後，經過搬運、沉積、壓實、膠結而形成的岩石，在河口處經常可以看到由流水的搬運和沉積作用而來的許多角礫岩。這些角礫岩，就像是一個人從出生以來的點滴累積而成的人生一樣，大大小小，形狀各異，各有不同的歷程。作為一個地質學者，想要透過人生中的各個角礫岩，拼湊出一生的歷程和景像。

在這本文集中，有許多和臺灣、臺北帝國大學，以及戰後臺灣相關的活動片斷，豐富而多彩。

「臺灣學」研究

早坂一郎於一九二六年來臺任教，並參與籌備創設臺北帝國大學地質學講座，是大學創設之初最早設立的講座之一。由於日本當局希望借重臺灣特殊的地理條件，發展以臺灣為中心的華南、南洋研究，於是早坂領導地質學講座成員，從臺灣的古生物、地層及地質構造、岩石鑛物，到地震、溫泉、火山等，展開全面性的調查研究，並提出許多重要的研究成果，獲譽為「臺灣地質學研究的先驅」。以地震調查與防災為例，一九二〇年代總督府計畫推動工業化政策並興建日月潭水力發電廠時，特別請早坂一郎前往日月潭一帶進行地質學考察，經調查指出日月潭一帶盆地的生成可能是斷層的拉張作用造成陷落所致。因臺灣各地的剝蝕作用顯著，進行日月潭電力工事時必須注意岩盤不安定的問題，以其專業提出可能致災的預警。

又，一九三五年新竹、臺中發生大地震後，臺北帝國大學地質學講座接受總督府委託進行研究調查，指出為防止震災，必須對地震地帶和震央進行詳細調查，尤其日後推動都市計畫、道路、鐵路工事時，均應該進行地質調查，強調防災的重要性。由此可見其地質學研究之重要性與實用性。

在學術研究上，早坂教授亦有卓越成就。以古生物學研究為例，早坂一郎在東北帝國大學求學、任教期間即曾赴日本、中國、朝鮮等地採集珊瑚類、腕足類等古生物材料，並發表許多研究報告，對日本、中國及世界的地質學發展貢獻良多，獲譽為「日本古生物學的先驅者」。來臺之後，於一九三二年南下臺南新化菜寮溪勘查，並於一九三二、一九三三年共發表四篇相關論文，可說是菜寮溪動物化石研究的嚆矢，對臺灣的古生物學研究貢獻甚鉅。一九三六年，地質學講座獲得日本學術振興會之補助，執行研究計畫「臺灣脊梁山脈之地質構造（臺灣脊梁山脈の地質構造）」，就縱貫全島的中央山脈之地質構造、層位、地形發育歷程等進行研究。期間，早坂一郎帶領講座成員登上南湖大山、合歡山、玉山等高山，備極辛苦，迄一九三八年完成。此次調查結果，也奠定了助教授富田芳郎、丹桂之助日後有關臺灣地形學、層位學之研究基礎，並以此研究論著取得博士學位、升等教授，成為臺灣地質學研究的重要學者。

實際上，臺北帝國大學各講座教授在貫徹大學的特殊使命：「以臺灣為中心，熱帶、亞熱帶及東西兩洋之自然界、人文界為研鑽對象，發揮其特色」之下，大多以臺灣相關的研究課題作為專攻，領導講座成員從事臺灣調查研究，成立學術社群，進行學術討論、交流，進而累積相當豐碩的「臺灣學」研究成果，成為一個有別於日本國內大學或其他帝國大學的新的研究領域。地質學講座自不例外，除了早坂一郎本身是臺灣古生物學、地質學之先驅學者之外，講座成員富田芳郎、丹桂之助等人也都成為各該領域中出色的學者專家，頗具特殊的時代意義。尤有進者，早坂一郎在地質學講座營運上軌道之後，糾集在臺的地質學、地理學同好者，於一九三〇年主導創設臺灣地學會，定期舉辦談話會、見學調查旅行，刊行《臺灣地學記事》，以及編著出版《地史學》、《隨筆地質學》、《古生物學序論》、《石炭紀・二疊紀》、《化石の世界》等書，介紹地質學史、相關人物及其主要業績、世界地質學的經典論著等，藉資交流、普及地質知識。

歷史文化遺產

當然，值得大書特書的貢獻，是經早坂一郎的研究調查，並獲指定為天然記念物一事。天然記念物（Natural Monument）係指動物、植物、地質、鑛物等自然物相關的記念物，因具有獨特性、稀少性及代表性而被列入保存。臺灣總督府在一九三〇年三月公布「史蹟名勝天然記念物保存法」，並於十二月組織史蹟名勝天然記念物調查會，辦理有關調查、保存事宜。其中，地質礦物一類共指定海蝕石門、泥火山、北投石、貝化石層等四項，除北投石外，均係根據早坂一郎之調查報告並經其推薦、指定的。海蝕石門是受到海浪的侵蝕作用所造成的特殊地形、泥火山是蓄積在地底下的泥漿和瓦斯受到潛在壓力而衝出地表的現象，而貝化石層則是因岩層中夾藏有貝類化石而被指定為天然記念物。三者分別是海蝕、火山及古生物學之代表性地質地形，也是早坂在臺從事地質學研究成果之具體呈現，在地質學上、文化資產保護上，均具有重大意義。

同樣的，在國立公園候補地的指定上，早坂也提出具建設性的建議。最初日本當局對於臺灣國立公園的選定，係以作為代表日本的風景地而定，並未考慮臺灣地景之特異性。此一作法，引起早坂一郎、日比野信一等委員的不同意見，認為應將臺灣南部的鵝鑾鼻及恆春半島一帶具熱帶地理特徵的景觀列入國立公園候補地；但此一建議，最終未獲得回應。迄戰後一九八二年，臺灣公告成立第一個國家公園——墾丁國家公園，全境位於臺灣南端的恆春半島，三面環海，是國內少數涵蓋陸地與海域的國家公園之一，也是臺灣本島唯一的熱帶區域。其特殊的地形、豐饒的動植物以及獨特的民情風俗，不僅是保育、研究、環境教育的自然博物館，更是國民休閒旅遊的怡情勝地。可見早在約五十年前，早坂教授即能秉持其學術專業，綜合考量全臺之地質地景，對當局提出在臺灣南部熱帶地域設立國立公園之建議，在當時雖未能獲得實現，但經過時間的淬煉，更證明其真知卓見。

學術的傳承與創新

戰後一九四五年十一月，早坂一郎及地質學講座的成員市村毅、富田芳郎、丹桂之助、金子壽衛男等，全都被接收改制後的臺灣大學所留用，繼續整理並充實地質學系的資料，以及擔任教學、研究工作。早坂除了在臺灣大學任教外，也兼任臺灣省海洋研究所研究員，展開有別於日治時期的海洋地質學（Marine geology）研究。他先就沿海地區之海岸線的變動與最近地質時代以降海陸發達史作研究，並採集古生物標本等，指出臺灣現生及化石腕足類多與日本近海者同種，但為數不多。另也指出，臺灣在苗栗層時代，近海動物化石有南北兩樣成分之混合存在。一九四六年七、八月，早坂與所員們一同前往澎湖進行「珊瑚及造礁珊瑚之調查」，指出除中部以南較深處外，僅見新生小體珊瑚零星分布，至望安一帶，新生珊瑚才漸多；及至東吉嶼周邊海域，不但新生珊瑚種類增多，更有外洋性者。顯見早坂一郎除了深化原有的研究領域，也開展新的研究領域——海洋地質學研究，展現研究創新的一面。

值得注意的是，戰後臺北帝國大學的接收委員之一、臺灣大學地質學系教授兼系主任馬廷英，竟是早坂一郎在東北帝國大學的學弟，兩人一樣師事矢部長克教授，也一樣是地質學、古生物學之專家。其後，早坂教授曾經指導的學生，包括林朝棨、顏滄波、王源等，先後獲聘為臺灣大學地質學系教授，使得戰前臺灣地質學、古生物學研究及其成果得以延續，學術系譜可說是一脈相承。

回顧早坂一郎的一生及其學思歷程，不僅為近代臺灣地質學研究奠定深厚的基礎，更承擔了學術傳承的重責大任，厥為臺灣學術史上重要的篇章。透過他（們）的故事，我們得以看見一個陌生卻重要的時代面貌，值得當代讀者深入認識。

年代	年齡	內容
1891	1	12 月 6 日出生於仙臺市
1909	18	9 月進入仙臺第二高等學校第二部乙類（理科）就讀，於 1912 年 7 月畢業
1912	21	9 月進入東北帝國大學理學部地質學科就讀
1915	24	7 月取得東北帝國大學理學士學位，旋進入同大學大學院（研究所）就讀
1917	26	3 月赴滿州、朝鮮從事調查研究 4 月升任東北帝國大學理學部講師
1920	29	5 月取得東北帝國大學理學博士 升任同大學助教授
1922	31	3~5 月赴中國從事調查研究以及學生指導、學術交流
1924	33	2 月赴中國從事調查研究以及學生指導、學術交流
1925	34	12 月赴中國從事研究調查
1926	35	5 月以臺灣總督府在外研究員身分，赴歐美研究兩年，迄 1927 年 12 月返臺
1928	37	3 月獲聘為臺北帝國大學理農學部地質學講座教授
1929	38	4~9 月參加汎太平洋學術會議，並於東印度群島地域視察及採集資料
1936	45	9 月赴歐美研究交流，迄 1937 年 4 月返臺
1937	46	9 月擔任臺北帝國大學理農學部地質學第一講座教授
1938	47	9~11 月赴朝鮮、滿州、中華民國進行調查研究及採集資料
1940	49	3 月擔任臺北帝國大學理農學部部長，迄 1941 年 4 月卸任 3 月擔任臺北帝國大學評議員，迄 1945 年 7~9 月組成臺北帝國大學第一回海南島學術調查團，擔任地質班長 12 月赴中國南京中國地質調查所進行資料整理，迄 1941 年 1 月返臺
1942	51	10 月受菲律賓軍政總署委託重整科學局，迄 1943 年 7 月返臺
1945	54	11 月 15 日獲留用為國立臺灣大學理學院教授
1946	55	2 月擔任臺灣海洋研究所研究員

年代	年齡	內容
1949	58	2月獲聘為金澤大學教授 8月14日國立臺灣大學解除留用，返回日本 11月任職駐軍留用美國地質調查局（U.S.G.S.），迄1950年2月止
1950	59	10月兼任北海道大學理學部教授，迄1951年3月止
1951	60	5月擔任北海道大學理學部教授，兼任金澤大學教授（至1954年3月）
1952	61	日本地質學會評議員、會長 日本古生物學會評議員 2月任日本學術會議會員，迄1955年1月止
1953	62	4月擔任北海道大學理學部研究科2年課程負責人
1955	64	3月退休
1956	65	日本學術會議自然史科學研究博物館特別委員會委員長 日本古生物研究所設立委員會委員長 日本古生物學會名譽會員
1958	67	2月擔任島根大學校長兼教授，迄1962年2月止
1962	71	4月擔任私立玉川大學農學部講師
1965	74	4月擔任日本女子體育大學教授
1977	86	8月19日過世

(一)專書

年代	著作名稱
1920	《地史學概論》。東京：右文館。
1921	《地と人》。東京：京文社。(1926 改訂版)
1923	《日本地史の研究》。東京：小西書店。(1926 改訂版)
1931	《古生物學序論》，第 3 卷 古生物學。東京：岩波書店。
1932	《臺灣地質寫眞集》(早坂一郎監輯，鳥居敬造、齋藤齋共同編輯)。臺北：臺灣地學談話會。
1933	《ゴトランド紀 . デヴォン紀》，第 2 卷 地史學。東京：岩波書店。 《石炭紀 · 二疊紀》，第 2 卷 地史學。東京：岩波書店。 《腕足類》，第 3 卷 古生物學。東京：岩波書店。 《本邦產化石腕足類文獻》，第 3 卷 古生物學。東京：岩波書店。 《臺灣海峽の地質學的考察》。東京。
1935	《地質學の理論と實際》。臺北：臺灣經濟研究會。
1940	《化石の世界》。東京：誠文堂新光社。
1943	《隨筆地質學》。臺北：東都書籍株式會社臺北支店。
1943	《東印度群島地質論》(布勞沃 Brouwer， Hendrik lbertus 著，早坂一郎譯)。東京：國際日本協會。
1954	〈海綿動物〉、〈蘚蟲動物〉，《古生物學》，上卷の中。東京：朝倉書店。
1954	〈痕跡化石〉，《古生物學》，下卷の中。東京：朝倉書店。
1955	《世界大百科事典》。東京：平凡社。
1957	《科学と科学者》(與菅井準一、湯川秀樹、井上健等人合著)。東京。
1958	《玉川百科大辭典》，第 7 卷地球 · 海洋 · 地質 · 鑛物。東京：玉川大學出版部。
1961	《國民百科事典》，全 7 卷。東京：平凡社。
1967	《早坂一郎先生喜壽紀念文集》。金澤：橋本確文堂。
1970	《角礫岩のこころ》。東京：川島書店。

(二)調查報告

年代	著作名稱
1920	《支那地學調查報告書》(自明治44年至大正5年),第3卷(矢部長克、早坂一郎等著)。東京:東京地學協會。
1936	〈昭和十年臺灣地震震害地域地質調查報告〉,《昭和十年臺灣震災誌》(早坂一郎、市村毅、富田芳郎、丹桂之助等著)。臺北:臺灣總督府文教局社會課。
1942	《臺北帝國大學海南島學術調查報告 第1回》(早坂一郎、市村毅、富田芳郎著)。臺北:臺灣總督府外事部,頁543-588。
1952	《十勝沖地震地質調查報告》。札幌:北海道大學十勝沖地震調查委員會。
1954	〈昭和28年5月31日北見國津別町本岐の地辷り〉(北海道大學理學部地質學鑛物學教室早坂一郎、勝井義雄、石川俊夫、北川芳男、魚住悟等著),《北海道地質要報》,第25期,頁23-28。
1960	《ダーウイン(達爾文)進化論百年記念論集》。東京:日本學術振興會。

(三)期刊論文

年代	著作名稱
1914	A Tertiary Forest-Floor with Erect Stumps lately exposed in Sendai. *Jour. Geol. Soc. Japan. XXI*, and *Sci. Rep., Tôhoku Imp. Univ., 2nd ser., IV.*
1916	〈南滿州石炭紀無脊椎動物群並に其時代〉,《地質學雜誌》,第23卷第274號,頁258-270。
	〈南滿州石炭紀無脊椎動物群並に其時代(承前)〉,《地質學雜誌》,第23卷第275號,頁299-310。
1917	〈山東省博山地方產石炭紀腕足類に就て〉,《地質學雜誌》,第24卷第283號,頁169-197。
	〈四射珊瑚と六射珊瑚との關係(ロビンソン氏の研究を紹介す)〉,《地質學雜誌》,第24卷第290號,頁570-575。
	On a New Hydrozoan Fossil from the Torinosu-Limestone of Japan. *Sci. Rep. Tôhoku Imp. Univ., 2nd. ser. IV.*
	On the Brachiopod Genus *Lyttonia*. with several Japanese and Chinese Ex- amples. *Jour. Geol. Soc. Japan, XXIV.*
1918	〈新潟縣西頸城郡青海村地方に產したる古生代腕足類の或者について(豫報)〉,《地質學雜誌》,第25卷第297號,頁304-310。
	〈リットニア研究の補遺〉,《地質學雜誌》,第25卷第300號,頁445-451。

年代	著作名稱
	〈江西省豐城炭田產二疊紀腕足類の豫報〉，《地質學雜誌》，第 25 卷第 301 號，頁 506-517。
	Amblysiphonella from Japan and China. *Ditto, V.*
1920	〈日本北上南部的一種新種〉，《地質學雜誌》，第 27 卷第 327 號，頁 87-90。
	Permian Ammonoids from Tao-chung Mines, Prov. An-hui, China. *Jour. Geol. Soc. Japan, XXVII.*
	A New Species of *Conularia* from Southern Kitakami, Japan. *Ditto.*
1921	〈越後国青海村の石灰岩〉，《地學雜誌》，第 33 卷第 392 期，頁 431-444。
	〈地質調查報文と化石〉，《地質學雜誌》，第 28 卷第 339 號，頁 479-480。
	A Peculiar Tertiary Terebratellid. *Ditto, XXVIII.*
1922	On Some Tertiary Brachiopods from Japan.，《東北帝國大學理科報告》，第 2 輯地質學，第 6 卷第 2 期，頁 139-163。
	〈房總地方產化石腕足類に就て〉（與野村七平合著），《地質學雜誌》，第 29 卷 340 期，頁 27-33。
1923	〈北上山脈的一些二疊紀化石〉，《日本地質學地理學輯報》，第 2 卷第 4 期，頁 107-116。
	〈支那のギガントプテリス新產地〉，《地學雜誌》，第 35 卷第 409 期，頁 18-31。
	〈南滿洲復州縣金家城子並に遼陽附近產カムブリア紀（寒武紀）化石概報〉，《地學雜誌》，第 35 卷第 412 期，頁 198-209。
	〈山東省之所謂下部石炭系之研究〉，《學芸雜誌》，第 7 期。
1924	〈論越後西部 Omi-Mura 炭痘石灰岩的動物群〉，《東北帝國大學理科報告》，第 2 輯地質學，第 8 卷第 1 期，頁 1-83。
1925	On some Paleozoic molluscs of Japan. 1. Lamellibranchiata and Scaphopoda.，《東北帝國大學理科報告》，第 2 輯地質學，第 8 卷第 2 期，頁 1-29。
	〈Ogachi Roofing Slate 中的化石〉，《日本地質學地理學輯報》，第 3 卷第 2 期，頁 45-53。
	〈南京山地棲霞山石灰岩の地質時代に就て〉，《地學雜誌》，第 37 卷第 432 期，頁 69-84。
	〈テトラポラ（Tetrapora，早阪氏蟲）の分布に就いて〉，《地學雜誌》，第 37 卷第 433 號，頁 154-160。

年代	著作名稱
	〈金生山産リットニアその他の腕足類〉，《地質學雜誌》，第 32 卷第 379 號，頁 142-146。
1926	〈岩手縣花卷町產化石胡桃に就いて〉，《地學雜誌》，第 38 卷第 444 期，頁 55-65。
	〈太原系（Taiyuan Series）に就て〉，《地球》，第 6 卷第 6 期，頁 393-398。
1928	〈人類とその自然的環境〉，《臺灣教育》，第 315 期，頁 50-62。
	〈臺灣地質鑛產圖の變遷〉，《臺灣鑛業會報》，第 153 期，頁 1-6。
1929	〈論說〉，《臺灣博物學會會報》，第 19 卷第 101 期，頁 109-116。
	〈地形及地質に現はれたる臺灣島近代地史概觀〉，《臺灣博物學會會報》，第 19 卷第 101 期，頁 109-119。
	〈臺灣中央山脈の粘板岩系中の抱球蟲 Globigerina に就いて〉（與丹桂之助合著），《臺灣博物學會會報》，第 19 卷第 101 期，頁 186-189。
	〈新著紹介〉，《臺灣博物學會會報》，第 19 卷第 102 期，頁 340-346。
	〈カタツムリの墓場〉，《臺灣博物學會會報》，第 19 卷第 105 期，頁 558-560。
	A List Of The Records On The Geology And Mineralogy Of Taiwan, Up To March, 1929（臺灣地質與礦物記錄一覽表，至 1929 年 3 月）（與高橋春吉合著），臺灣總督府殖產局，第 194 期，頁 5-6。
1930	〈臺灣にステゴドン（Stegodon 劍齒象屬）の產する事に就いて（豫報）〉，《地質學雜誌》，第 37 卷第 438 號，頁 113-118。
	〈日月潭地方の地學的考察〉，《臺灣鑛業會報》，第 159 期，頁 27-32。
	〈日月潭附近山間盆地々域の観察（豫報）〉，《臺灣地學記事》，第 1 卷第 1 期，頁 1-4。
	〈腐泥（Sapropel）の語義に就て〉，《臺灣博物學會會報》，第 19 卷第 106 期，頁 50。
	〈青色岩鹽の問題〉，《臺灣博物學會會報》，第 19 卷第 106 期，頁 51。
	〈臺灣の粘板岩系中の化石とその地質時代の化石〉（與丹桂之助合著），《臺灣博物學會會報》，第 20 卷第 107 期，頁 121-122。
	〈基隆川の溪谷に就いて〉，《臺灣地學記事》，第 1 卷第 5 期，頁 60-64。
	〈回轉斷層の一例〉，《臺灣地學記事》，第 1 卷第 7 期，頁 73-75。
	〈澎湖諸島雜記〉，《地理學評論》，第 6 卷第 10 期，頁 1536-1551。

年代	著作名稱
1931	〈蘇澳附近の粘板岩系中に見らる低角度斷層〉，《臺灣地學記事》，第 2 卷第 4 期，頁 53-55。
	〈蘇澳灣に腕足類 Craniscus の產する事に就いて〉，《臺灣地學記事》，第 2 卷第 4 期，頁 55-57。
	〈テイモール（帝汶）島の瞥見〉，《南方土俗》，第 1 卷第 1 期，頁 45-58。
	〈蟹の穿孔（蟹類所穿鑿之孔）〉，《科學の臺灣》，第 1 卷第 7 期，頁 273-274。
	〈三貂角に於ける低角度斷層〉，《臺灣地學記事》，第 2 卷第 5 期，頁 63-65。
	〈蘇澳灣內產造礁珊瑚の一瞥〉，《臺灣地學記事》，第 2 卷第 5 期，頁 65-67。
	〈臺灣に產する相利共棲孤生珊瑚の化石（豫報）〉，《臺灣地學記事》，第 2 卷第 5 期，頁 67-70。
	〈注意すべき段丘礫層中の貝化石〉，《臺灣地學記事》，第 2 卷第 5 期，頁 70-71。
	〈觸口山に於ける觸口山層の觀察〉，《臺灣地學記事》，第 2 卷第 5 期，頁 81-83。
	〈化石足痕の出来方の例〉，《地球》，第 15 卷第 1 期，頁 57-60。
	〈昭和五年十二月台南州下に起った地震に就いての雜記〉，《地球》，第 16 卷第 4 期，頁 257-268。
	〈陸奥灣產腕足類に就いて〉，《貝類研究雜誌》，第 3 卷第 1 期，頁 1-9。
1932	〈地質學史上の GOETHE〉，《臺北帝國大學紀念講演集》，第 1 輯，頁 1-18。
	〈橘子頭泥火山產 Heteropasmmia 及び Heterocyathus の標本に就いて臺灣に於ける化石象齒の新產出〉，《臺灣地學記事》，第 3 卷第 1 期，頁 7-8。
	〈新竹市效外の天然橋〉，《臺灣地學記事》，第 3 卷第 3 期，頁 31-33。
	〈Loripes goliath yok の產出狀態と分布とに就いて〉，《臺灣地學記事》，第 3 卷第 4 期，頁 39-43。
	〈臺南州新化郡左鎮庄地方產鮫齒化石（豫報）〉，《臺灣地學記事》，第 3 卷第 5 期，頁 51-52。
	〈臺南州新化郡左鎮庄地方に於ける化石哺乳動物の產出狀態に就いて〉，《臺灣地學記事》，第 3 卷第 5 期，頁 52-54。
	〈地層中の隱れた構造の一例〉，《臺灣地學記事》，第 3 卷第 6 期，頁 59-60。
	〈臺灣に於ける始新世有孔蟲の新產地〉，《臺灣地學記事》，第 3 卷第 10 期，頁 101-105。

年代	著作名稱
	〈臺南州新化地方の化石哺乳類（犀の歯）の產出〉，《臺灣地學記事》，第3卷第10期，頁108-109。
	〈臺南市附近砂丘基底の地質資料〉，《臺灣地學記事》，第3卷第10期，頁109-111。
	〈本邦產石炭紀後期腕足類化石（第五圖版附）〉，《地質學雜誌》，第39卷第468號，頁547-551。
	〈臺灣の泥火山に就いて〉，《地學研究》，第2卷第2期，頁1-7。
	〈ダイアモンド（鑽石）の話〉，《地學研究》，第2卷第5期，頁1-12。
	〈CHARLES　DARWIN と地質學〉，《臺灣教育》，第358期，頁20-31。
	〈英語被教授覺帖〉，《臺灣教育》，第360期，頁24-30。
1933	〈高雄州下より採集せるヒトデ（Asterias, 海盤車屬）の化石〉，《臺灣博物學會會報》，第23卷第126-127期，頁185-187。
	〈地理學の立場〉，《臺灣地學記事》，第4卷第1期，頁1-3。
	〈臺灣產化石あかひとでに就いて（豫報）〉，《臺灣地學記事》，第4卷第2期，頁15-16。
	〈Loripes goliath yok の新產地〉，《臺灣地學記事》，第4卷第3期，頁17-18。
	〈臺灣に於ける Stegodon の新產出〉，《臺灣地學記事》，第4卷第4期，頁25-28。
	〈化石オニフジツボの產出〉，《臺灣地學記事》，第4卷第7期，頁49-50。
	〈臺灣第三系中の哺乳類化石層に就いて〉，《臺灣地學記事》，第4卷第7期，頁51-53。
	〈澎湖諸島の地質資料〉，《臺灣地學記事》，第4卷第10期，頁73-78。
	〈分水界ごしての八通關〉，《臺灣地學記事》，第4卷第11期，頁81-85。
	〈博物館の地質學〉，《科學の臺灣》，創刊號，頁10-11。
	〈化石貝類に就いての2．3の觀察（日本地質學會總會での講演要旨）〉，《地質學雜誌》，第40卷第477號，頁362-364。
	〈臺灣の所謂触口山層に就いて（演旨）〉，《地質學雜誌》，第40卷第477號，頁364-366。
1934	〈臺灣產貝類三種―獻上品採集記〉（與丹桂之助合著），《臺灣博物學會會報》，第24卷第133期，頁259-264。

年代	著作名稱
	〈澎湖諸島に起る魚類の凍死〉，《臺灣博物學會會報》，第 24 卷第 133 期，頁 265-271。
	〈砂岩層の節理〉，《臺灣博物學會會報》，第 24 卷第 134 期，頁 285-286。
	〈河原の礫の覆瓦狀沉積〉，《臺灣博物學會會報》，第 24 卷第 134 期，頁 287-288。
	〈石油ロマンス（上）〉，《臺灣鑛業會報》，第 176 期，頁 18-25。
	〈石油ロマンス（下）〉，《臺灣鑛業會報》，第 177 期，頁 25-31。
	〈臺灣考古資料〉（與林朝棨合著），《臺灣地學記事》，第 5 卷第 1 期，頁 1-6。
	〈臺灣第三系中の或牡蠣層に就いて〉，《臺灣地學記事》，第 5 卷第 3 期，頁 27-32。
	〈新竹州白沙屯附近貝化石產地の地質概要〉（與丹桂之助合著），《臺灣地學記事》，第 5 卷第 3 期，頁 37-42。
	〈彰化市八卦山貝塚に產する貝類に就いて〉（與林朝棨合著），《臺灣地學記事》，第 5 卷第 8 期，頁 63-65。
	〈臺北市西庄貝塚の貝類〉（與林朝棨合著），《臺灣地學記事》，第 5 卷第 9-10 期，頁 79-82。
	〈臺灣の國立公園設定に對する私見〉，《新高阿里山》，第 1 期，頁 17-18。
	〈臺灣を知らぬ人々へ〉，《新高阿里山》，第 1 期，頁 18。
	〈臺灣の臺地礫層に就いて〉，《地質學雜誌》，第 41 卷第 494 號，頁 655-665。
	〈新高山の地質〉，《臺灣の山林》，第 102 期，頁 5-10。
	〈阿里山新高山の自然地理〉，《科學の臺灣》，第 2 卷第 3 期，頁 2。
1935	〈臺灣南湖大山山頂附近に產する凝擦痕礫〉，《地理學評論》，第 11 卷第 12 期，頁 1072-1074。
	〈土壤削剝現象に就いて〉，《林學季報》，第 5 卷第 4 號，頁 1-4。
	〈鵞鑾鼻地方に見らるゝ地質現象の二三〉，《科學の臺灣》，第 3 卷第 3-4 期，頁 1-8。
	〈新高山附近の地質學的觀察〉，《日本學術協會會報》，第 10 卷第 2 期，頁 349-354。
	〈Coronula diadema（L.）in the Tertiary.Formation of Taiwan（Formosa）〉，《臺灣地學記事》，第 6 卷第 1 期，頁 1-3。

年代	著作名稱
	〈臺中、新竹兩州下の地震に就いて〉，《臺灣地學記事》，第 6 卷第 6 期，頁 55-56。
	〈花蓮港地方に於ける地震と發光現象とに就いての觀察〉，《臺灣地學記事》，第 6 卷第 7 期，頁 57-58。
	〈四月二十一日の新竹．臺中地震に就いて〉，《臺灣地學記事》，第 6 卷第 7 期，頁 58-78。
	〈自然地理上より看たる阿里山新高山〉，《新高阿里山》，第 7 期，頁 43。
	〈新竹臺中兩州下の大地震〉，《臺灣時報》，昭和 10 年 6 月號，頁 1-10。
	〈激震地帶の意味〉，《臺灣警察時報》，第 235 期，頁 37-39。
	〈地震と震災防止〉，《社會事業の友》，第 79 期，頁 9-12。
	〈海蝕石門〉，收入臺灣總督府內務局編，《臺灣總督府內務局天然紀念物調查報告》，第 2 輯。臺北：臺灣總督府內務局，頁 1-2，共 28 面圖版。
1936	〈臺灣の國立公園〉，《臺灣博物學會會報》，第 26 卷第 151 期，頁 182-189。
	〈地震地變と非地震地變〉，《臺灣博物學會會報》，第 26 卷第 155 期，頁 326-331。
	〈日本古生物學會報告 7. 化石 Rotalia の雙生標本〉，《日本古生物學會報告》．紀事，第 2 期，頁 5-7。 也見於《地質學雜誌》，第 43 卷第 508 號，頁 60-62。
	〈恒春半島を熱帶國立公園に〉，《臺灣農林新聞》，第 5 期，頁 3。
	〈臺灣の國立公園事業に對する希望〉，《臺灣の山林》，第 123 期，頁 238-241。
	〈アジンコート遊記—同仁最初の綜合的觀察〉，《科學の臺灣》，第 4 卷第 4 期，頁 20-21。
	〈彭佳嶼（アジンコート島）〉，《臺灣地學記事》，第 7 卷第 5 期，頁 51-55。
	〈礫層に覆はれた岩盤面の地下水に依る變質〉，《臺灣地學記事》，第 7 卷第 5 期，頁 55。
	〈臺灣產化石アウムガヒの一種〉，《臺灣地學記事》，第 7 卷第 7 期，頁 65-67。
	〈アジンコート瞥見〉，《交通時代》，第 7 卷第 8 期，頁 51-53。
	〈アジンコート瞥見（下）〉，《交通時代》，第 7 卷第 9 期，頁 73。

年代	著作名稱
1937	〈大西洋航路の船中にて〉，《臺灣青年報》，第 93 號，頁 2。
	〈Lithostrotionella に就いて〉，《地質學雜誌》，第 44 卷第 523 號，頁 306-312。
	〈Lithostrotionella に就いて（續稿）〉，《地質學雜誌》，第 44 卷第 524 號，頁 392-396。
1938	〈臺灣產髑髏貝〉，《臺灣博物學會會報》，第 28 卷第 174 期，頁 68-71。
	〈農林地質學的觀察の 1、2〉，《臺灣蔗作研究會報》，第 16 卷第 10 期，頁 243-250。
	〈臺南州民雄附近の白色磐土層に就いて〉，《臺灣地學記事》，第 9 卷第 1 期，頁 28-36。
1939	〈臺灣產化石研究史略〉，收入臺灣總督府博物館編，《創立三十年紀念論文集》。臺北：臺灣總督府博物館，頁 303-322。
	〈日本古生物學會報告 92. Echigophyllum と Amygdalophyllum とが同一屬に屬する事に就いて附 Amygdalophyllum giganteum YABE and HAYASAKA の記載〉，《日本古生物學會報告》．紀事，第 16 期，頁 89-91。 也見於《地質學雜誌》，第 46 卷第 553 號，頁 539-541。
	〈臺灣島の地勢と地質一般（講話）〉，《臺灣地學記事》，第 9 卷第 8 期，頁 45-49。
	〈臺灣島の成立（講話）〉，《臺灣地學記事》，第 9 卷第 9 期，頁 51-58。
	〈福建．廣東．廣西三省地質鑛產文献集〉，《臺灣地學記事》，第 10 卷第 1 期，頁 21-30。
	〈臺東街附近の温泉〉，《臺灣地學記事》，第 10 卷第 3 期，頁 87-95。
	〈臺灣の地下增温率について〉，《臺灣地學記事》，第 10 卷第 3 期，頁 81-86。
	〈七星山東側の爆裂火口と温泉〉，《臺灣地學記事》，第 10 卷第 3 期，頁 97-100。
	〈蘭領ティモール（帝汶）東南部ニキニキ地方で拾得した紡錘蟲石灰岩片に就て〉，《科學》，第 9 卷第 3 期，頁 86-87。
	〈南支那の地質と地下資源の一瞥〉，《臺灣警察時報》，第 283 期，頁 75-81。
	〈明治以前の本邦地質學．鑛物學〉，《臺灣博物學會會報》，第 29 卷第 195 期，頁 283-302。
	On the occurrence of Eocene foraminifera in the neighbourhood of Besleo, Timor（與石崎和彥合著），《臺北帝國大學理農學部紀要》，第 22 卷第 2 號，頁 9-17。
	Spironphalups, a new gastropod genus from the Permian of Japan，《臺北帝國大學理農學部紀要》，第 22 卷第 2 號，頁 19-26。

年代	著作名稱
1940	〈臺灣溫泉資料〉，《臺灣地學記事》，第 11 卷第 1 期，頁 1-11。
	〈臺北市近郊産化石クモヒトデ（陽燧足）〉，《臺灣地學記事》，第 11 卷第 1 期，頁 11-13。
	〈新體制と我國の科學〉，《臺灣地方行政》，第 6 卷第 10 期，頁 52-57。
	〈チモール（帝汶）島二疊系産 Camarophoria "purdoni" に就いて〉（與顏滄波合著），《地質學雜誌》，第 47 卷第 558 號，頁 127-132。
	〈北上山地産二疊紀アムモノイド 2 種〉，《日本古生物學會報告》．紀事，第 19 期，頁 66-71。 也見於《地質學雜誌》，第 47 卷第 565 號，頁 422-427。
1941	〈鹿兒島縣徳ノ島産 Pictothyris hanzawai YABE に就いて〉，《地質學雜誌》，第 48 卷第 577 號，頁。
	〈整合の時間間隙〉，《科學》，第 11 卷第 5 期。
	〈臺灣山嶽地域の温泉に就いて〉，收入《矢部教授還曆記念祝賀講演錄》。仙臺：東北大學，頁 15-30。
	〈國立公園施設の使命强調の上から眺めて〉，《臺灣遞信協會雜誌》，第 229 期，頁 64-67。
	〈海浜に於ける蟹の活動（雜報）〉，《地學雜誌》，第 43 卷第 503 期，頁 58-89。
	〈Bubble impressions（泡痕）〉，《科學の臺灣》，第 5 卷第 9 期，頁 1-3。
	〈臺灣産及德ノ島化石 Pictothyris に就いて〉，《臺灣地學記事》，第 12 卷第 4 期，頁 39-46。
	〈ウライ（烏來）温泉に於ける 1，2 の觀察〉，《臺灣地學記事》，第 12 卷第 4 期，頁 68-76。
1942	〈レオナルド・ダ・ヴィンチと地質學〉，《科學の臺灣》，第 9 卷第 6 期，頁 4-10。
	〈卷頭語（指導者の心構へ）〉，《民俗臺灣》，第 2 卷第 2 期，頁 1。
	〈タイヤル（泰雅）歌〉，《民俗臺灣》，第 2 卷第 2 期，頁 18-19。
	〈溫泉科學と臺灣の溫泉（一）〉，《臺灣地方行政》，第 8 卷第 3 號，頁 46-54。
	〈溫泉科學と臺灣の溫泉（二）〉，《臺灣地方行政》，第 8 卷第 5 號，頁 18-34。
	〈マニラ（馬尼拉）市附近の地下水について〉，《臺灣の水利》，第 12 卷第 2 號，頁 2-18。

年代	著作名稱
	〈レオナルド・グ・ヴインチと地質學〉，《文藝臺灣》，第 4 卷第 1 期，頁 22-28。
	〈自然に親しむ心〉，《南の星》，第 3 卷第 10 期，頁 6-9。
	〈自然に親しむ心〉，《青年之友》，第 125 期，頁 1-5。
	〈真珠灣を中心としたハワイ地理雜記〉，《臺灣公論》，第 7 卷第 12 期，頁 32-36。
	〈臺灣產化石 Pictothyris〉，《臺灣地學記事》，第 13 卷第 2-3 期，頁 65-68。
	〈論臺灣哺乳動物 Mammalian 遺跡 Remains 的出現 Occurrence：初步總結〉，《臺灣地學紀事》，第 13 卷第 4 期，頁 95-109。
1943	〈フイリツピン（菲律賓）群島のジユラ紀（侏羅紀）層に就いて（附三角貝屬についての記事）〉，《臺灣地學記事》，第 14 卷第 1-2 期。
	〈臺灣產化石腕足類（豫報）〉，《臺灣地學記事》，第 14 卷第 1-2 期，頁 24-27。
	〈フイリツピン（菲律賓）產化石 Thyasira に就いて〉，《臺灣博物學會會報》，第 33 卷第 237 期，頁 155。
	〈關於菲律賓 Thyasira 化石出現的第二個說明〉，《臺灣博物學會會報》，第 33 卷第 241 期。
	Arca Multiformis MARTIN from Luzon.，《臺灣博物學會會報》，第 33 卷第 241 期。
	〈岐阜縣赤坂町金生山產二疊紀腹足類ニ就テ 第一報〉，《臺北帝國大學理農學部紀要》，第 1 卷第 2 號。
1944	〈臺灣に於ける哺乳類化石の分布に就いて〉，《臺灣博物學會會報》，第 34 卷第 246-247 期，頁 127-131。
	〈臺灣產オホイトカケ（Epitonium Scalare L., 海蛳螺）〉，《臺灣博物學會會報》，第 34 卷第 250 期，頁 211-214。
	〈菲律賓中新世 Arca 新種〉，《臺灣博物學會會報》，第 34 卷第 246-247 期。
	Sanguinolites parallomarginatus sp. nov.，《臺灣博物學會會報》，第 34 卷第 248-249 期。
	〈ミンドロ（民都洛）島マンギヤン族の求婚風景〉，《民俗臺灣》，第 4 卷第 2 期，頁 14-15。
	〈栃木縣鍋山附近腕足類層の時代について〉，《地質學雜誌》，第 51 卷第 608 號，頁 154-156。

年代	著作名稱
1946	〈澎湖群島珊瑚礁考察記〉（與馬廷英、川口四郎合著），《臺灣省海洋研究所研究集刊》，第 1 期，頁 1-3（中文）、1-8（英文）。
	〈臺灣化石與現生腕足類〉，《臺灣省海洋研究所研究集刊》，第1期，頁5-10。
1947	〈臺灣之地質與地理大綱〉，《東洋學藝雜誌》，第 18 卷第 6 期，頁 11-22。
	〈臺灣新第三紀海棲化石群究竟有否特異性〉，《臺灣省海洋研究所研究集刊》，第 2 期，頁 11、21-32。
	A Permian Cephalopod Faunule from Chekiang Province，China（中國浙江省二疊紀頭足類動物群），《國立臺灣大學理學院地質學系研究報告》，第 1 卷第 1 期，頁 13-37，圖 5，圖版 1-2。
	〈臺灣一些海膽類化石註解〉（與森下晶合著），《國立臺灣大學理學院地質學系研究報告》，第 1 卷第 1 期，頁 39-52。
	〈臺灣一些海膽類化石筆記〉（與森下晶合著），第一種，《國立臺灣大學理學院地質學系研究報告》，第 1 卷第 2 期，頁 93-109。
	〈臺灣化石海膽類 第三報〉，《國立臺灣大學理學院地質學系研究報告》，第 1 卷第 2 期，頁 111-128。
1948	〈臺灣化石海膽類 第四報〉，《國立臺灣大學理學院地質學系研究報告》，第 2 卷第 2 期，頁 85-124。
1950	〈臺灣之地下資源及其開發〉，《臺灣銀行季刊》，第 3 卷第 2 期，頁 1-5。
	〈新日本第三紀腕足動物〉（與畑井小虎合著），《東北帝國大學理科報告（地質學）》，第 2 期，頁 43-45。
1951	〈臺灣產化石海膽類〉，《地學雜誌》，第 60 卷第 679 期，頁 26-30。
	〈古生物學 · 層序學 1,2 の課題〉，《地質學雜誌》，第 57 卷第 670 號，頁 247-254。
	〈關於小倉穀的二疊紀化石（初步報告）〉、〈福井縣大野郡上穴馬村野尻"小椋谷"産 Permian fossils に就いて（豫報）（演旨）〉（與松尾秀邦等合著），《地質學雜誌》，第 57 卷第 670 期，頁 266。
	〈石川縣南部大聖寺町附近の新第三紀層の研究（豫報）（演旨）〉（與市川渡、杉浦精治、紺野義夫、松尾秀邦、小島和夫等合著），《地質學會雜誌》，第 57 卷第 670 期，頁 283。
	〈來自帝汶的新二疊紀鮰魚〉，《東北帝國大學理科報告（地質學）》，第3期，頁 25-28。
	〈論北海道上層菊石層 Barroisiceras minimum YABE 的個體發育（北海道白堊紀菊石古生物學研究(1)）〉（與深田淳夫合著），《北海道大學理學部紀要》，系列 4 地質學和礦物學，第 7 卷第 4 期，頁 324-330，圖版 1-2。

年代	著作名稱
	〈關於 Momijiyama 地層的一些腹足動物（北海道石狩煤田南部第三系古生物學研究，第 1 次報告）〉，《北海道大學理學部紀要》，系列 4 地質學和礦物學，第 7 卷第 4 期，頁 331-338。
1952	〈岩手縣產の Teretratalia innaiensis〉，《日本古生物學會報告》‧紀事‧新編，第 7 期，頁 213-214。
	〈日本產 Lithostrotionella 及びそれに關する問題（演旨）〉（與湊正雄等合著），《地質學雜誌》，第 58 卷第 682 期，頁 318-319。
	〈日本群島的石炭紀地層〉（與湊正雄等合著），《石炭紀地層地質研究第三次大會報告》，頁 267-274。
	〈北海道 Echinarachnius 的新第三紀種〉（與柴田松太郎合著），《北海道大學理學部紀要》，系列 4 地質學和礦物學，第 8 卷第 2 期，頁 82-85。
	〈關於北海道的一些近代腕足動物和化石〉（與魚住悟合著），《北海道大學理學部紀要》，系列 4 地質學和礦物學，第 8 卷第 2 期，頁 86-96。
1953	On the Echinoid called "Sinaechinus Kawaguchii".，《北海道大學理學部紀要》，系列 4 地質學和礦物學，第 8 卷第 3 期，頁 217-220。
	A Pliocene Mya-Bed in Hokkaido: A Paleoecological Note. 《北海道大學理學部紀要》，系列 4 地質學和礦物學，第 8 卷第 3 期，頁 221-224。
	〈本邦古生代化石の再検討と總括（演旨）〉，《地質學雜誌》，第 59 卷第 694 號，頁 292-293。
	〈北上山地の石炭紀二疊紀頭足類（演旨）〉，《地質學雜誌》，第 59 卷第 694 號，頁 344-345。
	〈地層と化石〉，《有孔蟲》，第 1 期，頁 10-15。
	〈有機進化論和地質學—對"有機進化"出版物的介紹性演講〉，《生物進化》，第 1 卷第 1 期，頁 1-3。
	Fantasia Geologica（2），《地學研究》，第 6 卷第 5 期，頁 233-238。
	〈足跡の古生物學—ウニ（海膽）の一種 Arachnoides placenta（胎盤蛛網膜）（L.）の行動〉，《科學雜誌》，第 23 卷第 9 期，頁 481-483。
	〈日本二疊紀軟體動物和腕足類異常大型化石組合〉（與早坂祥三合著），《日本古生物學會報告》‧紀事‧新編，第 10 期，頁 37-44。
	〈Hamletella，腕足動物的新二疊紀屬和日本北上山脈的新種〉，《日本古生物學會報告》‧紀事‧新編，第 12 期，頁 89-95。
	〈漣痕についての觀察〉，《北海道地質要報》，第 24 期，頁 21-24。

年代	著作名稱
1954	〈臺灣の紡錘蟲〉，《有孔蟲》，第 2 期，頁 5-6。
	Euconospira with Color Marking from the Permian of Japan.，《北海道大學理學部紀要》，系列 4 地質學和礦物學，第 8 卷第 4 期，頁 349-360。
	〈日本北上山脈的新古生代頭足類動物〉，《北海道大學理學部紀要》，系列 4 地質學和礦物學，第 8 卷第 4 期，頁 361-374。
	〈日本石炭紀和二疊紀動物群的注釋〉（與湊正雄合著），《北海道大學理學部紀要》，系列 4 地質學和礦物學，第 8 卷第 4 期，頁 375-379。
	〈北海道 Pitar 屬兩種化石的古生物學批註〉（與魚住悟合著），《北海道大學理學部紀要》，系列 4 地質學和礦物學，第 8 卷第 4 期，頁 381-389。
	〈所謂"Momijiyama Transitional Formation"的軟體動物群〉（與魚住悟合著），《北海道大學理學部紀要》，系列 4 地質學和礦物學，第 8 卷第 4 期，頁 391-406，圖版 25-26。
	〈北海道新生代沉積物中的 Mercenaria 屬化石〉（與魚住悟合著），《日本古生物學會報告》．紀事．新編，第 15 期，頁 165-172。
	〈來自日本東北部 Akukuma 高原的 Sinospirifer-Faunule，與所謂的北上山脈的上泥盆紀腕足動物 Faunule 的比較〉（與湊正雄合著），《日本古生物學會報告》．紀事．新編，第 16 期，頁 201-211。
	An Occurrence of Koninckioceras from the Japanese Permian. Japan.，《日本地質學地理學輯報》，第 25 卷第 1-2 期，頁 57-59 頁。
	〈日本古生代〉（與湊正雄合著），《國際地質大會第十九屆會議報告》，頁 193-204，共 288 頁。
	〈進化史的故事，達爾文的降臨，I〉，《生物進化》，第 1 卷第 8 期，頁 61-69。
	〈進化史的故事，達爾文的降臨，II〉，《生物進化》，第 2 卷第 1 期，頁 1-9。
1955	〈進化史的故事，達爾文的降臨，III〉，《生物進化》，第 2 卷第 2-3 期，頁 68-73。
	A New Permian Species of Porcellia from Japan.，《北海道大學理學部紀要》，系列地質學和礦物學，第 9 卷第 1 期，頁 21-24。
	Zwei Spezies der Oberkretazischen Kieselschwämme aus Hokkaido Japan.，《北海道大學理學部紀要》，系列 4 地質學和礦物學，第 9 卷第 1 期，頁 25-30。
	〈來自日本中部二疊紀地層的 Foordiceras〉（與尾崎金右衛門合著），《金澤大學理科報告》，第 2 部分生物學地質學，第 3 卷第 1 期，頁 183-186。
	〈巨大なアムモナイト（Ammonite, 菊石）について〉，《自然科學と博物館》，第 22 卷第 3-5 期，頁 36-38。
	〈本邦產ペルム紀頭足類につい〉，《地學研究》，第 8 卷第 3 期，頁 71-76。

年代	著作名稱
1956	〈北海道白亜（堊）紀の（珪）硅質海綿について〉，《北海道地質要報》，第 32 期，頁 10-11。
	〈日本北上山下 Kanokura 系列的一些腕足動物 = 北上山地 · 葉倉統產の腕足類化石〉（與湊正雄合著），《日本古生物學會報告》· 紀事 · 新編，第 21 期，頁 141-147。
	〈日本北海道的一種新種腕足類（舌形貝屬）〉（與畑井小虎合著），《日本古生物學會報告》· 記事 · 新編，第 23 期，頁 219-220。
	〈關於北海道牡蠣的白堊紀物種，特別參考其發生模式〉（與早坂祥三合著），《日本地質學地理學輯報》，第 27 卷第 2-4 期，頁 161-165。
1957	〈日本福島縣（阿武隈高原地區）四倉町附近高倉山的兩隻二疊紀鸚鵡螺〉，《橫濱國立大學理科紀要》，第 2 類生物學 · 地學，第 6 卷，頁 21-30，圖版 8-9。
1960	〈北上山的二疊紀 Foordiceras 新種〉，《國立科學博物館研究報告》，第 5 卷第 2 期，頁 86-94。
	〈古生物學に於ける『種』の問題についての管見〉，《生物科學》，第 12 期。
	〈臺灣澎湖島東玉坪的軟體動物化石〉（與早坂祥三合著），《日本古生物學會報告》· 紀事 · 新編，第 38 期，頁 263-274。
1962	〈北上山二疊紀的兩種 Tainoceras〉，《國立科學博物館研究報告》，第 6 卷第 2 期，頁 137-143。
	〈北上山二疊紀的兩種 Tainoceras〉，《國家科學博物館研究報告》，第 6 卷第 2 期，頁 187-143，圖版 11-12。
1963	〈簡短說明 11. Orthotichia Japonica Hayasaka（1933）和 Orthotichia Magnifica Grabau（1936）〉，《日本古生物學會報告》· 紀事 · 新編，第 52 期，頁 154。
	〈北上南部的一些二疊紀化石 II . 兩種腕足動物〉，《日本學士院刊物》，第 39 卷第 7 期，頁 479-483。
	〈北上南部的一些二疊紀化石 III . Ammonoidea〉，《日本學士院刊物》，第 39 卷第 8 期，頁 594-599。
	〈北上南部的一些二疊紀化石 IV . 腕足動物總科 Orthotetacea WILLIAMS〉，《日本學士院刊物》，第 39 卷第 10 期，頁 753-757。
	〈廣島縣產ペルム紀（二疊紀）大型化石について（予報）〉（與西川功合著），《日本古生物學會刊》，第 6 期，頁 27-31。
1964	〈北上南部的一些二疊紀化石 V . Aulosteges sp. indet〉，《日本學士院刊物》，第 40 卷第 7 期，頁 528-532。
	〈潮間帶に於ける生態學と堆積學 Aktuo-Paläontologie および Aktuo-Geologie〉，《地學雜誌》，第 73 卷第 6 期，頁 351-365。

年代	著作名稱
	〈古生物學における個體發生、宗族發生及び進化の問題〉，《化石》，第8期，頁87-93。
1965	〈福島縣高倉山ベルム紀化石群中の頭足類について〉，《日本古生物學會報告》．紀事．新編，第57期，頁8-27，圖版2-3。
1966	An Upper Palaeozoic fauna from Miharanoro，Hiroshima Prefecture，Japan.，《北海道大學理學部紀要》，系列4地質學和礦物學，第13卷第3期，頁261-263。
	〈來自日本廣島縣 Miharanoro 的上古生代動物群第一注）〉（與 KATO，Makoto 合著），《北海道大學理學部紀要》，系列4地質學和礦物學，第13卷第3期，頁265-271，圖版31-32。
	〈來自日本廣島縣三原野呂市的上古生代動物群第二注）〉（與湊正雄合著），《北海道大學理學部紀要》，系列4地質學和礦物學，第13卷第3期，頁273-280，圖版33。
	〈來自日本廣島縣三原野呂市的上古生代動物群第三注）〉（與 KATO，Makoto 合著），《北海道大學理學部紀要》，系列4地質學和礦物學，第13卷第3期，頁281-286，圖版35。
	〈北上南部的一些二疊紀化石 Ⅵ。三種腕足動物〉，《日本學士院刊物》，第42卷第10期，頁1223-1228。
1967	〈北上南部的一些二疊紀化石。Ⅶ．兩種 Phymatifer〉，《日本學士院刊物》，第43卷第2期，頁143-147。
	〈來自北上南部的一些二疊紀化石。Ⅷ．兩個 pelecypods〉，《日本學士院刊物》，第43卷第5期，頁378-383。
	〈來自北上南部的一些二疊紀化石。Ⅸ．兩個 pelecypod 屬：Allorisma 和 Myoconcha〉，《日本學士院刊物》，第43卷第6期，頁517-521。
	〈北上山地南部における Tainoceras abukumense HAYASAKA の第2標本〉，《化石》，第14期，頁1-2，圖版1。
	〈栃木縣葛生町山菅產の小型化石腕足類についての（予報）〉，《自然科學と博物館》，第34卷第3-4期，頁44-49。
1968	〈丹桂之助博士の略伝〉，《貝類學雜誌》，第27卷第1期，頁35-36。
1969	〈Hisakatsu YABE（矢部長克）教授紀念館〉，《日本古生物學會報告》．紀事．新編，第75期，頁153-155。

beNature 03

百年臺灣大地

早坂一郎（1891-1977）與近代地質學的建立和創新歷程

作者／歐素瑛

野人文化股份有限公司 第二編輯部
主編／王梵
封面設計／盧卡斯工作室
內頁排版／吳貞儒
資料協力／李寄嵎、紀權窅、翁蓓玉、臺灣大學地質標本館
校對／林昌榮

出版／野人文化事業股份有限公司
發行／遠足文化事業股份有限公司（讀書共和國出版集團）
地址／231 新北市新店區民權路 108-2 號 9 樓
電話／(02)2218-1417 傳真：(02)8667-1065
電子信箱／service@bookrep.com.tw
網址／www.bookrep.com.tw
郵撥帳號／19504465 遠足文化事業股份有限公司
客服專線／0800-221-029
法律顧問／華洋法律事務所 蘇文生律師
印製／呈靖彩藝有限公司
初版一刷／2023 年 6 月
初版二刷／2023 年 8 月
定價／420 元
ISBN ／ 978-986-384-878-3
EISBN(PDF) ／ 978-986-384-876-9
EISBN(EPUB) ／ 978-986-384-877-6
書號／3NGE0003

國家圖書館出版品預行編目 (CIP) 資料

百年臺灣大地 : 早坂一郎 (1891-1977) 與近代地質學的建立和創新歷程 / 歐素瑛著 . -- 初版 . -- 新北市 : 野人文化股份有限公司出版 : 遠足文化事業股份有限公司發行 , 2023.06
面； 公分 . -- (beNature ; 3)
ISBN 978-986-384-878-3(平裝)

1.CST: 早坂一郎 2.CST: 地質學 3.CST: 古生物學 4.CST: 歷史 5.CST: 臺灣

350 112006766